V

MÉMOIRE

LÛ À L'ASSEMBLÉE PUBLIQUE

DE

L'ACADÉMIE ROYALE

DES SCIENCES,

Le Samedi 13 Novembre 1762.

Par M. DEPARCIEUX, de la même Académie.

A PARIS,

DE L'IMPRIMERIE ROYALE.

M. DCCLXIII.

COURS DE LA RIVIERE D'YVETTE,

DE CELLE DE BIÈVRES OU DES GOBELINS,

et du CANAL qui doit mener à Paris
l'eau de l'Yvette,
Prise à Vauxjen.

Echelle de Huit Mille Toises

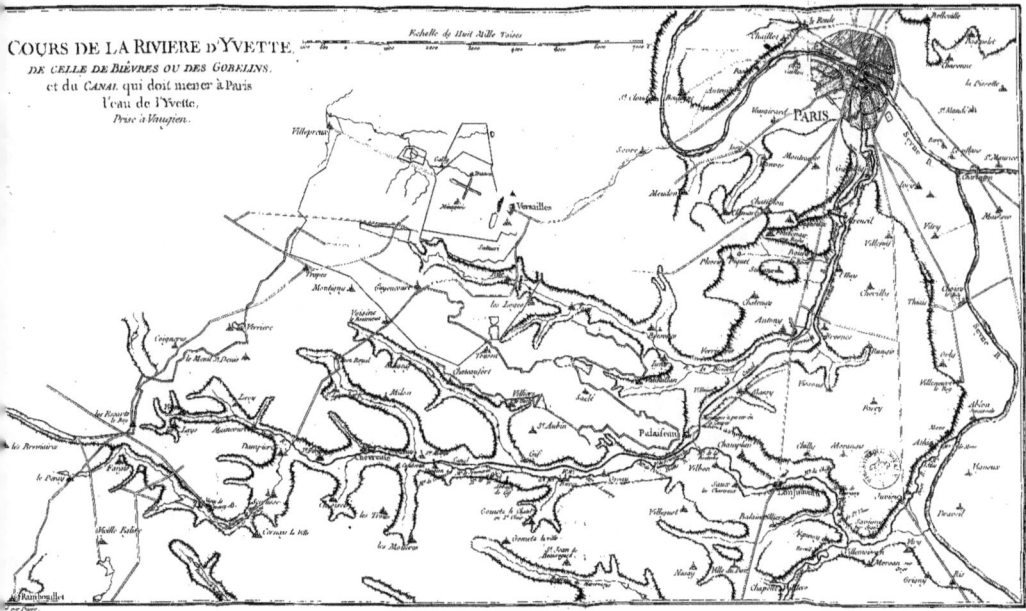

PARIS

Versailles

Palaiseau

Rambouillet

MÉMOIRE

Sur la possibilité d'amener à Paris, à la même hauteur à laquelle y arrivent les eaux d'Arcueil, mille à douze cents pouces d'eau, belle & de bonne qualité, par un chemin facile & par un seul canal ou aqueduc.

L'EAU est si nécessaire à la vie, elle entre en tant de façons dans nos alimens, & elle influe de tant de manières sur notre santé, que de tous les objets qui peuvent intéresser une grande ville, il n'y en a point de plus important que celui de lui procurer des eaux de bonne qualité & en suffisante quantité. Les Romains en étoient si persuadés, qu'au milieu de toutes leurs grandes entreprises, un de leurs premiers soins étoit d'en faire venir dans tous les lieux qu'ils habitoient. Quelque peu considérable que fût une ville conquise par ces Maîtres du monde, dès qu'ils en étoient paisibles possesseurs, ils y faisoient venir de l'eau : nous le voyons par un très-grand nombre de villes, où l'on trouve encore des restes d'aqueducs construits par cette sage & laborieuse Nation. Je ne crois pas avoir connoissance de tous les

A ij

endroits de la France où ils en avoient fait conftruire,
mais au moins eft-il certain qu'on en trouve

à Aix,	à Coûtances,	à Nîmes,
à Arles,	à Doué en Anjou,	à Orange,
à Autun,	à Fréjus,	à Paris,
à Béfiers,	à Joui proche Metz,	à Poitiers,
à Blois,	à Lyon,	à Vienne,
à Bourges,	à Narbonne,	& à Saintes.

L'aqueduc fait pour amener l'eau à Fréjus avoit dix
lieues de long, & dans cette étendue, il y en avoit aux
environs d'une lieue en arcades, pour traverfer différentes
vallées; il en refte encore plufieurs morceaux affez bien
confervés, qui ont un, deux & même trois étages.

L'aqueduc qui portoit à Nîmes les eaux des fources
réunies d'Airan & d'Eure, fituées près d'Ufez, avoit fept
lieues de long *. Tout le monde a vû, ou entendu parler
du célèbre pont du Gard, qui exifte encore en entier, &
fur lequel paffoient les eaux de cette fontaine pour fe rendre
à Nîmes.

M. de Lorme, de l'Académie de Lyon, a fait connoître,
par un Mémoire qu'il lut dans une affemblée de l'Académie
de cette ville, & qu'il a publié depuis, une partie des travaux
immenfes que les Romains avoient faits pour amener de
l'eau de toutes parts à la ville de Lyon. Quelle dépenfe &
quelle hardieffe n'a-t-il pas fallu pour franchir les montagnes
qui font entre Feurs, S.' Étienne, S.' Chaumont & Lyon!
Si l'on mettoit bout à bout tous les aqueducs qui ont été faits
en différens temps pour amener de l'eau à Lyon, ils occu-
peroient une étendue de plus de trente-fix lieues de long.

Paris étoit alors bien peu confidérable; on y avoit

* Voy. l'Hiftoire de Nîmes, par M. Mefnard, *tome VII, partie I,
Differt. 15, page 131.*

néanmoins amené les eaux de Rungis, dites d'Arcueil, soit pour le palais des Bains, soit pour le Public. Il existe encore une partie de l'aqueduc qui traverfoit la vallée d'Arcueil, à côté de celui qui y fut conftruit au commencement du fiècle dernier, par les ordres de la reine Marie de Médicis. On en voit encore d'autres reftes dans le même village d'Arcueil, dans celui de Gentilli, au coin du clos de la Santé en dehors, & dans un chemin derrière le moulin de Montfouris, entre l'Obfervatoire & Gentilli. Ce feroit bien autre chofe, fi je parlois de ce que les Romains avoient fait, dans ce genre, pour leur Capitale & pour plufieurs autres villes d'Italie *.

Si les Romains ont exécuté de fi grands ouvrages dans l'efpace de quatre à cinq cents ans ou environ, qu'ils ont poffédé les Gaules, pour procurer de l'eau aux villes qu'ils avoient conquifes, quoique les plus confidérables d'entre elles ne fuffent pas à beaucoup près ce qu'eft Paris aujourd'hui, que n'euffent-ils pas fait pour cette Capitale, s'ils l'euffent trouvée telle que nous la poffédons! & que ne devons-nous pas efpérer de la bonté & de la munificence de notre augufte Monarque & de fon amour pour fa ville de Paris; des lumières, de la vigilance & des reffources des Miniftres & des Magiftrats qui veillent à la police de cette grande ville, quand ils connoitront la poffibilité d'en amener aifément une abondante quantité!

Si pour Nîmes on a été à fept lieues chercher les eaux de la fontaine d'Eure, qu'on a conduites à travers les montagnes & les vallées par des aqueducs que les perfonnes de l'art ne peuvent voir fans admiration :

Si pour Fréjus on a été à dix lieues prendre auprès de Mons la petite rivière de Ciagne, en coupant ou perçant

---

* Voyez le premier volume du Traité *de la Police* du favant Commiffaire de la Mare, *page 576 & fuivantes.*

A iij

les montagnes & les rochers qui fe trouvoient fur la
route:

Si pour Lyon les Romains ont circonfcrit le Mont-
d'or ; s'ils ont été jufqu'à Montluel, jufqu'à Feurs,
S.¹ Chaumont & au-delà, en traverfant les pays les plus
difficiles; ne pouvons-nous pas penfer que dans le fiècle
dernier, & de nos jours, on auroit été chercher de l'eau
pour cette Capitale du royaume, à dix & à douze lieues,
& peut-être encore plus loin, fi quelqu'un eût fait voir
un moyen bien praticable d'en amener une quantité
fuffifante, de bonne qualité, & digne de la dépenfe!

Mais il ne fera pas néceffaire d'aller fi loin; je ferai
voir dans ce Mémoire, que par une route de fix à fept
lieues au plus, dont cinq lieues de canal à découvert,
comme pour un moulin, & une lieue & demie d'aqueduc
voûté, comme celui de Rungis, on peut amener à Paris,
dans les temps les moins favorables, mille à douze cents
pouces d'eau, & davantage dans les autres temps; & que
cette quantité d'eau, plus belle & plus pure que celle
de la Seine, arrivera toute l'année, fans interruption,
comme y arrive celle d'Arcueil, & à la même hauteur :
je ferai même voir qu'il fera poffible, avec fort peu de
dépenfe de plus, de porter cette quantité d'eau à plus
de deux mille pouces continuels, dans tous les temps
de l'année.

Les Citoyens craindroient-ils qu'un pareil projet ne
puiffe jamais être mis à exécution! Je vais tâcher de
diffiper leurs craintes, & de leur donner des efpérances,
par des comparaifons frappantes.

Qu'on confidère que vers le commencement du fiècle
dernier, pour amener à Paris une foixantaine de pouces
d'eau, à quoi montoient alors les eaux de Rungis, on
a fait un aqueduc de trois lieues de long, qui égale en

beauté & en folidité ce qui nous refte de mieux des aqueducs des Romains, & l'on ne doutera plus que les Magiftrats ne faffent l'impoffible, s'il eft permis de parler ainfi, pour trouver les moyens d'en faire un qui n'aura guère que le double du chemin de celui de Rungis, tant en canal à découvert, qu'en aqueduc voûté, pour amener vingt à vingt-cinq fois autant d'eau. L'on doit d'autant moins en defefpérer, que la dépenfe n'en fera pas auffi confidérable qu'on pourroit fe le figurer, attendu qu'on amènera l'eau à découvert pendant une très-grande partie du chemin; plufieurs villes de province en donnent l'exemple, efpérons qu'il fera fuivi par la Capitale.

La ville de Montpellier vient de faire conftruire un aqueduc de fept mille quatre cents toifes de long, fous la direction de M. Pitot, Membre de cette Académie, pour amener à l'endroit le plus élevé de cette ville les eaux de la fontaine de S.¹ Clément, qui fournit quatre-vingts pouces d'eau ou environ. Il y a eu, dans la longueur de cet aqueduc, deux cents toifes à percer, dans un tartre auffi dur que le roc, qu'on a néanmoins voûté par fous-œuvre, paffant cinquante pieds fous le fommet de la montagne, où l'on a ouvert des puits de vingt-cinq en vingt-cinq toifes, pour la commodité du travail. On a de plus conftruit dans cette étendue de che-min plufieurs ponts-aqueducs, dignes de la Capitale du royaume, & dont je parlerai plus particulièrement ci-après.

Il y a douze ou quinze ans qu'on fit un ouvrage à peu près femblable pour amener de l'eau à la ville de Carcaffonne: Moulins, Dijon & plufieurs autres villes du royaume travaillent actuellement à fe procurer le même avantage. Efpérons tous qu'un monument auffi utile, digne de la Nation & de la Capitale du royaume, capable feul de porter dans les fiècles à venir le nom du Monarque

bien-aimé, fous les loix duquel nous avons le bonheur
de vivre, procurera bien-tôt dans tous les quartiers &
dans toutes les rues de cette grande ville, une abondante
quantité de bonne eau. Qu'il me foit permis d'en faire
voir la preffante néceffité.

Toute ville devroit avoir pour le moins un pouce
d'eau par chaque mille d'habitans, ce qui donne vingt
pintes par jour pour chaque perfonne, pourvû qu'on
n'en laiffe pas perdre pendant la nuit. Cette quantité fuffit
pour les befoins intérieurs des maifons bourgeoifes &
au deffous, c'en eft peut-être même un peu plus qu'il
ne faut, mais pas affez pour les grandes maifons. Il feroit
utile d'en avoir de plus une quantité qui coulât fans
ceffe, pour entretenir les rues propres, toûjours prête à
fournir dans les cas d'incendie, afin qu'on ne fût pas
obligé d'attendre les Officiers prépofés pour faire arriver
l'eau en fuffifante quantité dans le quartier où eft le feu;
Officiers qu'on ne trouve pas dans l'inftant; d'ailleurs
avant qu'on ait affemblé les Ouvriers, qu'ils aient dépavé
la rue, fait la fouille & crevé les tuyaux, la maifon eft
brûlée.

On compte communément 800 mille habitans dans
Paris; il faudroit donc à cette ville 800 pouces d'eau
pour le feul befoin intérieur des maifons, & elle en a
tout au plus 200 à 230; favoir,

Par la Pompe du pont Notre-Dame, felon que la
    Seine eft moyenne, haute ou baffe, 100 à 125.. 125.
Par Arcüeil, prife moyennement, 40 à 50......... 50.
Par la Samaritaine, 25 à 30.................... 30.
Par les Sources du Pré-Saint-Gervais, 12 à 15.... 15.
Et par Belleville, 10...................... 10.

    Le tout faifant au plus................ 230.

                                   & de

& de ces 200 à 230 pouces, quelquefois un peu plus & souvent beaucoup moins, les trois quarts de celle d'Arcueil, & toute celle de la Samaritaine, faisant aux environs de 60 à 70 pouces, appartiennent au Roi: à la vérité une grande partie en est donnée à des maisons particulières, & une autre partie est distribuée au Public, à la Croix-du-trahoir, au Palais-royal, au Luxembourg & encore en quelques autres endroits. Il est bon d'observer néanmoins que la quantité d'eau qui vient d'Arcueil n'est pas bien constante, je l'ai vûe réduite à 14 pouces; & M. de Sirebeau, Inspecteur des eaux publiques de la ville, m'a dit l'avoir vûe, en 1732, réduite à 7 pouces, tant pour le Roi que pour la ville, ce qui a duré plus d'un an.

Les 10 pouces d'eau qui viennent de Belleville, ne servent que pour laver l'égoût du Pont-aux-choux, cette eau n'étant bonne, ni pour boire, ni pour cuire les alimens, ni pour savonner; tout cela bien considéré, s'il y a 180 à 200 pouces d'eau distribuée dans les fontaines de Paris, en y comprenant ce qui s'en prend dans les maisons royales, c'est bien tout au plus: aussi rencontre-t-on continuellement dans les fauxbourgs, & souvent dans les rues de la ville, des charrettes chargées de grands tonneaux, qu'on va remplir d'eau à la rivière, pour l'aller vendre dans les rues éloignées: ainsi bien loin d'en avoir pour la propreté du dedans des maisons & des rues, & pour les cas d'incendie, on n'a qu'à prix d'argent celle qui est nécessaire à la vie.

Les fauxbourgs Saint-Jacques, Saint-Marceau & Saint-Victor n'ont chacun qu'une fontaine, avec un très-petit volume d'eau.

Le fauxbourg Saint-Antoine a trois fontaines, mais il

B

a encore moins d'eau que les trois fauxbourgs précédens, vû son étendue & le nombre de ses habitans.

Dans tout ce qu'il y a de fauxbourgs & de maisons éparses dans les marais, depuis le fauxbourg Saint-Antoine jusqu'au Roule & Chaillot, on ne trouve que trois fontaines ; savoir, deux dans la grande rue du fauxbourg Saint-Laurent, une vis-à-vis Saint-Lazare dans le fauxbourg de ce nom, & ces fontaines sont très-souvent sans eau.

Tout le reste de cette immense étendue, savoir, la Roquette, Popincourt, le fauxbourg du Temple, la Courtille, les fauxbourgs Saint-Martin & Saint-Denys, la Nouvelle-France, le fauxbourg Montmartre, les Porcherons, la Petite-Pologne, la Ville-l'Évêque, les fauxbourgs Saint-Honoré & du Roule, n'ont d'autre eau pour boire & pour faire cuire les alimens, que celle qu'on va prendre à la rivière avec des charrettes.

Dans tout le fauxbourg Saint-Germain, qui compose lui seul une ville des plus considérables, il n'y a que quatre fontaines, il ne faudroit même dire que trois, savoir, celle de la rue de Grenelle, celle de la Charité, & une dans l'abbaye Saint-Germain ; la quatrième, si on veut que c'en soit une, est dans la rue Garencière, elle est les trois quarts du temps sans eau, n'étant fournie que par la décharge de superficie du bassin du petit Luxembourg.

Ajoûtons à cela, que du peu d'eau actuellement distribuée dans la ville, la moitié ou les trois quarts peuvent lui manquer d'un jour à l'autre, & causer le plus grand malheur, je veux parler des accidens qui pourroient arriver aux pompes, sur-tout à celle du pont Notre-Dame : une forte inondation, ou une débacle de glaçons, peuvent renverser cette machine, la tour où est la cuvette & les maisons qui y tiennent, d'autant plus facilement qu'elle eſt en fort mauvais état; toute cette charpente venant à boucher quelques arches du Pont-au-change, pourroit très-bien cauſer ſa chûte, ou l'endommager conſidéra-blement, & augmenter ſubitement l'inondation dans les rues où elle peut arriver.

Les inondations & les débacles ne ſont pas les ſeuls accidens que cette machine ait à craindre : Si le bateau chargé de foin en feu, qui partit de la Tournelle & qui cauſa l'incendie du Petit-pont en 1718, fût parti de plus haut, ou que le vent qu'il faiſoit fût venu du midi, comme il venoit du nord, ou ſi par quelqu'autre cauſe, il ſe fût dirigé pluſtôt vers la Grève que vers l'Hôtel-Dieu: qu'il eût enfilé une des arches de la pompe, la machine étoit conſumée, ſans qu'on pût y apporter de ſecours, & vrai-ſemblablement une partie des maiſons du pont Notre-Dame auroit eu le même ſort, ſi le tout n'y avoit pas péri, le remède étant difficile à y apporter. Le mal auroit pû s'étendre encore plus loin, les derrières de la rue de la Pelleterie n'étant qu'une forêt de bois très-ſec ; il n'y avoit pas là des murs en pierre-de-taille & bien épais, comme le petit Châtelet au bout du Petit-pont, pour arrêter le feu du côté où le vent le portoit. Ce fut un pareil embarras de bois, ou à peu près, mis ſous le Petit-pont en 1627 pour le fortifier, qui arrêta le bateau, cauſa la ruine de ce pont & celle des habitans qui logeoient deſſus.

En 1731, une des fêtes de Noel, pareil accident penſa cauſer le malheur dont la ſeule idée fait frémir les plus indifférens : je l'ai vû. Le feu prit à un bateau chargé de foin, au bas de la Place-aux-veaux ; ce fut vrai-ſem-blablement le gardien de quelqu'un des autres bateaux qui coupa les cables de celui où étoit le feu, pour garantir les ſiens & les autres ; le bateau enflammé s'en alla au gré de l'eau, il se dirigea heureusement vers l'arche du filet à pêcher, qui est la voisine de celle des pompes, & il passa le pont Notre-Dame sans y causer aucun dommage : comme la Seine étoit alors fort basse, quoique en hiver, le bateau alla heurter la pointe de la crêche de l'une des piles du milieu du Pont-au-change, laquelle le creva & l'arrêta, le bateau s'entr'ouvrit, s'enfonça & se consuma en partie en place, encore assez loin du pont, à cause de l'avance de la crêche, pour ne pas mettre le feu aux maisons, moyennant les secours que les Magistrats y firent apporter le plus promptement qu'il leur fut possible. Qu'on se représente, pour un moment, l'effroi & la terreur de cinq à six mille ames, ou davan-tage, que ce malheur menaçoit.

Sans le nombre de bateaux chargés de toutes sortes de marchandises dont le port de la Grève étoit couvert, le bateau enflammé se feroit naturellement dirigé vers les pompes, le courant qui vient du Pont-rouge l'y eût porté, & il l'eût vrai-semblablement fait, malgré tous ces bateaux, si la Seine eût été médiocrement forte.

Si le bateau qui consuma une partie du Pont-rouge en 1683, eût été lâché par quelqu'imprudent, comme le furent les deux dont je viens de parler, il eût très-bien pû s'acheminer vers les pompes. Combien d'autres accidens n'y a-t-il pas à craindre ! Si le malheur arrivoit que le feu prît à cette charpente immense & sèche, tout le quartier seroit en grand danger, & Paris seroit privé, pour un très-long temps, de la principale partie de l'eau que ses fontaines distribuent aux particuliers & au public.

Quelque chose que je dise contre ces machines, nous n'en devons pas moins louer le zèle des Magistrats qui les ont fait construire ; personne ne proposant de meilleur moyen pour avoir de l'eau d'ailleurs, nous

leur devons de la reconnoiſſance pour avoir mis celui-ci
à exécution.

Je ne ſuis pas plus mécontent des machines en elles-
mêmes, pour le temps où elles ont été faites, puiſqu'elles
ſont encore aſſez bien aujourd'hui : il eſt heureux que
l'art d'élever l'eau ait été trouvé, pour en procurer aux
villes qui ne peuvent pas en avoir d'ailleurs, ou qui ſe
croient dans ce cas ; mais du moment qu'on connoît un
moyen praticable d'en amener abondamment, arrivant
d'elle-même, les machines ne doivent plus ſubſiſter que
le ſeul temps qu'il faut pour faire arriver cette autre.

A l'appui de ce qu'on vient de voir contre l'uſage
des machines ſous les ponts de Paris, on peut ajoûter
les raiſons ſuivantes [a].

1.° Elles embarraſſent la navigation, ou la rendent plus
difficile, tant par elles-mêmes que par le plus de vîteſſe
qu'elles donnent à l'eau au paſſage des arches, & par les
moulins, qu'on eſt obligé de mettre ſous les autres
arches quand la rivière eſt baſſe, pour renvoyer plus d'eau
à la machine.

2.° L'embarras que ce bâtiment fait au débouché des
deux arches qu'il occupe, & la digue qu'il a fallu conſtruire du côté du quai Pelletier, pour procurer aux roues
un courant ſuffiſant lorſque la rivière eſt baſſe, augmentent
les inondations dans Paris quand la rivière eſt très-forte,
& d'autant plus que les piles du quai de Gèvres, qui eſt
après ce pont, conſtruit en avançant dans la rivière,
malgré les ſages repréſentations du Bureau de la Ville [b],
y contribuent beaucoup ; ouvrage auſſi mal conçû qu'il ſe
puiſſe, qui n'eſt d'alignement à rien, & dont preſque

[a] Ce que je dis pour Paris peut vrai-ſemblablement s'appliquer,
en tout ou en partie, à toutes les villes ſituées ſur de grandes rivières.

[b] Hiſtoire de Paris, tome V, page 154.

perfonne ne joüit : d'ailleurs le faut que la digue dont je
parle fait faire à l'eau, quand la rivière eft forte, pourroit
bien à la fin faire tort aux fondations du pont.

3.° La quantité d'eau que peut fournir cette machine,
ou telle autre qu'on voudra, & en quelqu'endroit qu'on
la place, fera toûjours très-peu de chofe en comparaifon
de ce qu'il en faut à une ville comme Paris.

4.° Toutes les fois que les eaux font trop hautes ou
trop baffes, la machine donne moins, & rien du tout
dans les temps des glaces & des inondations.

5.° Le produit des machines eft toûjours interrompu,
pour plus ou moins de temps, toutes les fois qu'il faut
baiffer ou élever les roues, felon que la rivière croît ou
qu'elle décroît, ou enfin toutes les fois qu'il y a quelque
réparation à faire, foit aux aubes, aux rouets, aux lan-
ternes, aux piftons, à leurs tringles, &c. &c. On ne croit
pas trop diminuer leur produit, en difant que c'eft beaucoup fi elles fourniffent la valeur de neuf mois dans
l'année : les perfonnes qui ont des conceffions d'eau le
favent mieux que qui que ce foit.

Je paffe enfin à l'eau qu'on peut amener à Paris, à la
même hauteur à laquelle y arrive l'eau d'Arcueil.

La rivière d'YVETTE, laquelle a fes fources entre Verfailles & Rambouillet, paffe par Dampierre, Chevreufe,
Lonjumeau, & tombe dans la rivière d'Orge un peu au
deffus de Juvifi : c'eft la feule dans les environs de Paris qui,
donnant une abondante quantité d'eau, puiffe aifément y
être amenée, à une hauteur fuffifante, & fes eaux font de
très-bonne qualité, comme on le verra ci-après.

Cette rivière peut être prife à Vaugien, entre Chevreufe & Gif, après qu'elle a reçû les eaux de deux
petites gorges voifines.

Cette eau, avant de tomber fur les roues de deux moulins qui font à Vaugien, l'un à côté de l'autre, & qu'elle fait aller à la fois prefqu'en tout temps fans éclufer, cette eau, dis-je, eft de près de feize pieds plus élevée que le bouillon d'arrivée des eaux d'Arcueil, près de l'Obfervatoire, non compris la pente qui la fait couler de moulin en moulin, depuis Vaugien jufqu'à Paris ; ce que j'ai reconnu, en rapportant l'un & l'autre au fol de l'églife de Notre-Dame. Ceux qui voudront voir ces détails, les trouveront à la fin de ce Mémoire ; il fuffit de mettre ici les réfultats, qui font, que l'eau de l'Yvette, à Vaugien, eft de près de 84 pieds plus élevée que le fol de Notre-Dame, non compris, comme je l'ai déjà dit, la pente qui la fait couler de Vaugien à Paris ; & que l'arrivée des eaux d'Arcueil à côté de l'Obfervatoire, eft de près de 68 pieds plus élevée que le fol de Notre-Dame ; d'où il fuit que l'eau de l'Yvette, à Vaugien, eft plus élevée que l'arrivée des eaux d'Arcueil à Paris de près de 16 pieds, toûjours non compris la pente qui la fait couler.

Je ne trouvai d'autres difficultés, dans l'examen de ce projet, que beaucoup de gros blocs de grès le long de la côte de l'Yvette, depuis Vaugien jufqu'à Palaifeau, qui fe trouveront dans le chemin du canal ; & le paffage de la montagne qui eft entre Palaifeau & Maffi, pour paffer de la vallée de l'Yvette à celle de la Bièvre. Mais confidérant qu'un très-grand nombre d'Ouvriers gagnent leur vie & celle de leur famille à caffer des grès pour en faire des pavés, qu'on les caffe & qu'on les taille pour la bâtiffe des maifons, on caffera de même ceux qu'on ne pourra pas éviter, foit pour en faire des pavés, vû que l'Entrepreneur du pavé de Paris en tire beaucoup de ce côté-là, foit pour la bâtiffe du canal & des ponceaux qu'il faudra faire aux endroits des chemins. Quant à la montagne à couper ou à percer, entre Palaiſeau & Maſſi, on a vû ci-devant, à l'occaſion des aqueducs faits pour Nîmes & pour Fréjus *, que les Romains coupoient ou perçoient toutes celles qui ſe trouvoient dans le chemin de leurs aqueducs. Dans le ſiècle dernier, on a percé la montagne du Malpas, de 40 pieds de largeur, ſur autant de hauteur, & de 85 toiſes de longueur, pour le canal de Languedoc. Peu de temps après on perça la montagne de Satauri de 750 toiſes de long, pour faire arriver à Verſailles les eaux des étangs de Trapes, paſſant 84 pieds au deſſous du plus haut de la montagne; & nombre d'autres ouvrages de cette eſpèce, publics & particuliers. Je crus, après toutes ces conſidérations, que Paris valoit bien la peine qu'on coupât ou qu'on perçât celle de Maſſi, dont la longueur, par ſous-œuvre, ne ſera que de 5 à 600 toiſes, paſſant à une cinquantaine de pieds ſous le plus haut de la montagne; ce que je n'ai meſuré que très-groſſièrement, parce que quelques cent toiſes de moins ou de plus, pour le travers de la montagne, ne peuvent jamais être une raiſon pour admettre ou pour rejeter un projet de cette eſpèce. Ma difficulté diſparut, & j'oſe propoſer ce projet. Pouvoit-il l'être ſous un plus heureux préſage, ou dans un moment plus favorable que celui où la Paix vient d'être conclue!

L'eau, priſe au deſſus des moulins de Vaugien, peut être conduite à Paris, en la dérivant d'abord par un canal à découvert fait en bonne maçonnerie, avec des repos d'eſpace en eſpace, dont je parlerai ci-après.

Ce canal ſuivra la rive gauche de l'Yvette, qu'il côtoiera avec la ſeule pente dont l'eau a beſoin pour couler, comme elle fait actuellement, d'un moulin à l'autre; elle

* Voyez l'Hiſtoire du Languedoc, par Dom Vaiſſette, *tome I*; & les Antiquités de Nîmes, par M. Meſnard, de l'Académie des Inſcriptions & Belles-Lettres.

ſera

fera menée ainfi à découvert jufqu'après Palaifeau, là où il faudra commencer l'ouverture de la montagne : on prendra en chemin, avant d'entrer dans le bas de Gif, le petit ruiffeau qui defcend de Châteaufort : on fera à Gif, pour le paffage des habitans, un pont fur lequel on amènera les eaux pluviales & les égoûts des rues de Gif · on fera la même chofe à Palaifeau & ailleurs, s'il en eft befoin.

L'on percera, comme je l'ai dit, la montagne qui eft entre Palaifeau & Maffi, paffant en ligne un peu courbe fous l'endroit de la montagne le moins élevé, en voûtant par fous-œuvre à mefure qu'on avancera, comme on a fait anciennement & de nos jours, à tous les endroits cités ci-devant. On viendra fortir dans un petit vallon qui eft entre Vilaine & le grand chemin, dans le fond duquel l'aqueduc voûté fera encore continué pendant quelques 100 toifes, mais il fera fait à tranchée ouverte. Le canal fera enfuite continué à découvert, il viendra paffer au bas du village de Maffi ; il fuivra la côte droite de la Bièvre, & viendra croifer le chemin d'Orléans, un peu au deffous de celui de Maffi ; il traverfera enfuite la gorge de Frênes un peu au deffus de Tourvoie, par un pont-aqueduc qui fera médiocrement élevé, & continuera le long de la côte, paffant fous Frênes & fous Lhay, en côtoyant les deffous de l'aqueduc voûté qui vient de Rungis.

Le nouveau canal viendra traverfer le pont-aqueduc actuel d'Arcueil quelques pieds au deffus de fa rigole ; cette traverfée fera faite avec une forte nappe de plomb, laquelle portera l'eau dans le nouveau pont-aqueduc qu'on conftruira à l'aval & tout contre celui de la reine Marie de Médicis, afin qu'ils fe foûtiennent ou fe confervent mutuellement l'un l'autre : le pont-aqueduc à conftruire

C

fera un peu moins haut que l'ancien, parce qu'il ne fera pas couvert, & il fera plus large, attendu que le volume d'eau qui doit y paffer fera beaucoup plus confidérable.

L'aqueduc voûté & couvert de terre commencera de l'autre côté de la vallée, c'eft-à-dire, du côté de Paris; je dirai ci-après comment l'eau entrera dans cet aqueduc, lequel côtoiera toûjours fous terre celui qui apporte les eaux de Rungis, venant paffer entre l'Obfervatoire & le Château-d'eau, où fe termine l'actuel.

Je dis que le nouvel aqueduc côtoiera l'ancien, 1.° parce qu'en dirigeant celui-ci, on a fuivi fur le terrein la route que préfentoit la ligne de pente convenable à l'écoulement de l'eau; 2.° & parce que le deffous n'en eft pas fouillé par les Carriers, ni même à 15 toifes près, fi on a obfervé le Règlement fait pour cela*, au lieu que prefque tout le refte de la plaine l'a été.

Le nouvel aqueduc continuera fa route en deçà du Château-d'eau jufqu'auprès de la rue de la Bourbe, en traverfant le jardin des Religieufes de Port-royal; au bout de ce jardin contre la rue de la Bourbe, l'eau fera un peu au deffus de la furface du terrein, & c'eft à propos, afin que s'il arrive qu'il y ait quelque chofe à faire de là à la rue Hyacinthe, où il faut mener l'eau, on puiffe s'en débarraffer aifément, en la faifant couler vers le coin des Capucins, & de-là elle ira par le fauxbourg Saint-Marceau à la rivière des Gobelins.

Avant le paffage de la rue de la Bourbe, on enfermera l'eau dans des tuyaux de plomb ou de fer fondu, faits pour être éternels, de très-grand diamètre & en nombre fuffifant; ils pafferont dans les jardins des Carmélites, de Saint-Magloire & autres, qui font entre les rues

---

* Traité *de la Police*, tome IV, page 387.

d'Enfer & Saint-Jacques, dans un emplacement qu'on fera pour cela & à découvert, afin qu'on voye aisément la moindre chose qui pourroit y arriver ; ce qui sera bien rare, parce que l'eau n'y sera pas forcée ; on gagnera par-là le bout du cul-de-sac Sainte-Catherine, afin de passer sous moins de maisons, & l'on arrivera vers le milieu de la rue Hyacinthe, où se fera la première répartition, pour l'envoyer dans chaque grand quartier de Paris, cet endroit étant un des plus commodes qu'on puisse desirer : le trop plein, quand il y en aura, ira aisément de-là à la rivière, par la rue de la Harpe.

L'eau passera du canal dans l'aqueduc * à travers d'un encaissement de gravier ou gros sable de 7 à 8 pieds d'épaisseur, & dans une étendue de 100 à 120 toises de long, ou davantage, s'il le faut.

Cet encaissement sera placé entre le canal & l'aqueduc, mettant le commencement de ce dernier 100 ou 120 toises avant la fin du canal, se côtoyant l'un l'autre à 7 ou 8 pieds de distance ; le fond de l'aqueduc sera 4 ou 5 pieds plus bas que le fond du canal ; l'entre-deux où doit être le sable sera maçonné dans le fond & au deux bouts, afin que l'eau ne se perde pas dans les terres ; les deux murs joignant le sable seront percés de beaucoup de trous pour permettre le passage de l'eau ; le fond de l'encaissement sera en pente du canal à l'aqueduc, par ce moyen l'eau entrera toûjours propre dans ce dernier.

On sent bien qu'un pareil filtre doit à la fin se boucher,

---

* Il faudra entendre dans la suite par le mot de *canal*, celui qui doit amener l'eau à découvert depuis Vaugien jusqu'à Arcueil ; & par le mot d'*aqueduc*, la partie qui doit être voûtée & couverte de terre depuis Arcueil jusqu'à la rue de la Bourbe, quoique le nom d'aqueduc convienne à tous les deux.

mais ce n'eft qu'au bout de bien des années, d'autant plus tard que l'eau qui y paffe eft plus propre, comme le fera celle-ci; & on en eft quitte pour le laver quand l'eau ne paffe plus fuffifamment vîte.

Le canal fera défendu des hommes & des beftiaux par des foffés profonds, diftans de 5 à 6 toifes, tant au deffus qu'au deffous, le long defquels on plantera des haies d'épines, qui formeront dans peu d'années des barrières impénétrables & prefqu'éternelles.

Sans entrer ici dans aucun détail des pentes néceffaires pour que l'eau coule dans un aqueduc, qu'on ne peut pas faire auffi large qu'un canal creufé en pleine terre, pour mener l'eau d'un moulin à l'autre, on peut fentir aifément que la pente qui la fait couler actuellement de moulin en moulin, depuis Vaugien jufqu'à Paris, par un chemin de plus de 30 mille toifes, jointe à une partie des 16 pieds * dont l'eau à Vaugien eft plus élevée que l'arrivée de celle d'Arcueil à Paris, que cette pente, dis-je, ainfi augmentée, fera très-fuffifante pour faire arriver la même eau par un chemin qui n'aura que 17 à 18 mille toifes, & dont toute la partie à découvert pouvant, fans beaucoup plus de frais, être faite plus large, demandera moins de pente.

Quelqu'un dira peut-être, qu'on pourroit bien fe paffer d'un auffi grand excès de pente, & fe contenter de prendre l'eau au deffous des moulins de Vaugien, ce feroit une indemnité de moulins de moins à payer, & moins de longueur de canal à faire. Deux raifons s'y oppofent : 1.° il faudroit percer la montagne de

---

* De cet excès de pente, on n'en prendra que 4 à 5 pieds pour donner de la charge à l'eau au paffage du canal dans l'aqueduc, pour la forcer à paffer à travers le fable. Les 11 à 12 pieds reftans feront diftribués dans la longueur du canal ou de l'aqueduc.

Palaiseau neuf pieds & demi plus bas, & cela causeroit
une longueur considérable de plus à percer par sous-
œuvre, sur-tout dans le petit vallon du côté de Vilaine :
2.° il sera mieux & plus facile que la nouvelle eau vienne
passer au dessus de l'eau de Rungis, pour traverser le
pont-aqueduc d'Arcueil, que de passer par-dessous. On
n'arriveroit pas à Arcueil au dessus de la rigole actuelle,
si on ne partoit que du bas des moulins de Vaugien,
parce que l'eau de Rungis a beaucoup plus de pente qu'il
ne lui en faut pour arriver à l'Observatoire. Il y a des
chûtes perdues à chaque regard, au moins l'ai-je vû à
plusieurs ; on l'entend tomber en écoutant à la porte,
entr'autres à celui de Montsouris près l'Observatoire.
On a perdu cette pente à dessein, parce qu'on a voulu
que l'aqueduc passât sous terre aux approches de Paris.
Cet aqueduc n'auroit pas pû être assez élevé pour qu'on
eût pû passer dessous, & il l'auroit été trop pour passer
dessus.

Quant à la qualité de l'eau de l'Yvette, j'en ai bû, &
je ne lui ai trouvé que le petit goût de marais qu'ont les
eaux de toutes les petites rivières ou ruisseaux, & qu'elles
ne peuvent manquer de contracter dans les écluses des
moulins, sur-tout des premiers, où elles séjournent sur
des dépôts pourris ou pourrissans de feuilles, d'herbes,
de roseaux, &c. d'autant plus long-temps que le ruisseau
fournit moins d'eau, ainsi que dans les étangs qui sont
le long de la pluspart des petits ruisseaux ; goût qu'elles
perdent à mesure que les rivières grossissent par leur
réunion avec d'autres rivières ou ruisseaux, par la raison
que plus une rivière est forte, moins ses eaux séjournent
sur les dépôts vaseux des écluses de moulins, & moins
elle reçoit d'immondices dans la vallée où elle coule, à
proportion du volume d'eau ; goût que celle-ci perdra

beaucoup plus tôt en coulant dans un canal toûjours propre, de 6 à 7 lieues de long, où elle ne pourra que déposer, sans y rien prendre, comme je le dirai bien-tôt plus expressément.

Les Meûniers, & tous les habitans voisins de la rivière, prennent indifféremment l'eau de l'Yvette ou celle des sources, selon qu'ils sont plus près de l'une que de l'autre, à l'exception des temps où l'eau de la rivière est trouble : les Blanchisseuses disent qu'elle est fort bonne au savonnage, & j'ai trouvé en effet qu'elle dissout très-bien le savon.

Si l'on considère le terrein d'où partent ces eaux, & même celui des environs, il paroît très-propre à devoir en filtrer de bonne : on ne voit dans toute cette étendue ni craie, ni plâtre, ni aucune espèce de mine ; c'est en plusieurs endroits un terrein graveleux un peu rougeâtre, mêlé de beaucoup de petites pierres de meulière ; dans d'autres, beaucoup de grès en roche & broyés, & presque par-tout un sable très-fin, ou terre sablonneuse, qui garde ou tient l'eau assez long-temps.

C'est-là tout ce que mes lumières me permettoient de voir ; mais pour m'assurer complètement de la qualité de ces eaux, j'en ai fait remplir, en ma présence, plusieurs bouteilles au pont de Gif, où toutes les eaux sont réunies & mêlées ; je les ai ficelées & cachetées pour les faire arriver chez moi, & ensuite chez M.rs Hellot & Macquer, tous deux de cette Académie, qui ont bien voulu examiner cette eau suivant toutes les règles de l'art, comparativement avec l'eau de Seine bien limpide ; les épreuves ont donné exactement les mêmes résultats avec l'une qu'avec l'autre, au petit goût de marais près, qu'elle a perdu d'abord dans l'ébullition, & ensuite sans ébullition, sans soleil & sans mouvement, étant fimplement expofée à l'air d'une fenêtre pendant cinq à fix jours : on peut bien conclurre de-là qu'elle l'aura perdu au bout d'un jour & demi ou deux jours qu'elle emploiera à venir de Vaugien à la porte Saint-Michel, en roulant expofée à l'air libre dans un canal de 6 à 7 lieues de long, toûjours propre^a.

Londres fourniroit un exemple de ce que je propofe pour Paris, s'il en étoit befoin ; la meilleure eau qu'on boive dans cette ville, & elle eft très-bonne fuivant le dire de tout le monde, eft celle d'une femblable rivière, qu'on a dérivée pour l'amener à Londres par un canal d'environ 40 milles d'Angleterre, valant 33 mille toifes de France, qu'on nomme la *Nouvelle-rivière*^b, le tout fait avec beaucoup moins de foins que je n'en propofe pour amener l'eau de l'Yvette à Paris. Carcaffonne en fournit auffi un, comme je le dirai ci-après.

J'ai déjà dit que le canal fera fait en maçonnerie, afin que l'eau ne fe perde pas dans les terres : le fond fera couvert de dales ou de grands pavés, le grès étant fort commun depuis Vaugien jufqu'à Palaifeau. Le fond du canal étant ainfi uni, on pourra le balayer & le laver aifément toutes les fois qu'il en fera befoin, ce qui fera facilité par des efpaces de 4 à 5 toifes de long, plus profonds que le refte du canal, que je nommerai des *repos*, placés de diftance en diftance, comme de 1000 en 1000 toifes, ou de 1500 en 1500 toifes : chaque repos aura une vanne fur le côté ; on lèvera cette vanne lorfqu'il faudra nétoyer le repos, foit le

____

^a On peut voir, à la fin de ce Mémoire, le jugement de Mrs Hellot & Macquer.

^b Le Dictionnaire de la *Martinière*, au mot LONDRES, préfente cela d'une manière bien plus merveilleufe ; il eft bon de le confulter, quoiqu'il ne foit pas exact en tout ce qu'il rapporte.

repos feul, foit le repos avec l'efpace qui le précède de 1000 à 1500 toifes.

Avant de lever cette vanne, on en baiffera une autre qui ne fera qu'en bois en travers du canal, à quelques pieds de l'aval du repos, pour empêcher l'eau qui a paffé de revenir en arrière, & une autre à l'amont du même repos ; celle-ci ne defcendra pas tout-à-fait jufqu'au fond, afin qu'il puiffe paffer par-deffous une quantité d'eau fuffifante pour laver le repos, tandis qu'un ou plufieurs hommes le balaieront.

Tout ce que l'eau pourra charrier de plus pefant qu'elle, s'arrêtera dans ces repos, qui ne feront plus profonds que le refte du canal que de 15 à 18 pouces.

Lorfqu'il fera befoin de nétoyer ces repos, ce qu'il faudra faire deux ou trois fois par an, & une fois feulement l'intervalle entre les repos ; en n'en nétoyant qu'un ou deux par jour, & le faifant un peu promptement, on ne s'apercevra à Paris d'aucune diminution d'eau.

Il y aura auffi, à quelques toifes en amont de chacun de ces repos, des grilles de bois ou de fer, qui n'entreront dans l'eau que de 15 à 18 pouces feulement, pour arrêter toutes les immondices flottantes, bois, herbes, feuilles, rofeaux, &c. que des hommes du voifinage, Gardes-chaffe ou autres, feront chargés d'ôter quand il en fera befoin, car c'eft le féjour de ces matières qui eft la principale caufe du goût de marais qu'on trouve aux eaux d'étangs & des petites rivières, lequel fe perd peu à peu, dès que la caufe ne fubfifte plus ; & celle-ci en aura encore moins avant d'être dérivée qu'elle n'en a actuellement, quand on fera obferver tous les ans le Règlement pour le curement de la rivière, comme cela devroit être ; car il y a telles parties de l'Yvette qui n'ont pas été curées

depuis

depuis plus de dix ans , & d'autres depuis plus long-
temps encore.

L'eau, ainſi purifiée en très-grande partie, viendra
paſſer à travers le ſable dont il a été parlé, où elle
achevera de ſe débarraſſer de tout ce qu'elle pourroit
charrier de matières groſſières avant d'entrer dans l'aqueduc ; & quand elle y ſera entrée, ne pouvant plus recevoir
aucune ſorte d'immondices portées par le vent, elle
dépoſera peu à peu, dans des repos ſemblables à ceux
du canal, tant par ſa marche modérée & uniforme, que
par la longueur du chemin, tout ce qui pourroit paſſer
à travers le ſable avec elle, & elle arrivera à Paris auſſi
belle & auſſi pure, en tout temps, que l'eau de la
meilleure ſource qu'on voit ſortir du ſein d'un rocher.

Par la quantité de pieds cubes d'eau que dépenſoient
par ſeconde les deux moulins de Vaugien & le dernier
moulin du ruiſſeau de Gif, lorſque je les ai vûs, &
par ce que les Meûniers, autant qu'on peut s'en rapporter
à eux, m'ont dit y avoir de moins à la fin de juillet
dernier & au commencement d'août, temps où les eaux
ont été les plus baſſes par la longue ſéchereſſe qui avoit
précédé, j'ai conclu qu'il paſſoit à Vaugien, dans le
temps des plus baſſes eaux, plus de 1000 pouces
d'eau, & plus de 200 au ruiſſeau de Gif; mais pour
mettre les choſes encore plus bas, je ſuppoſe qu'on ne
prenne que 800 pouces d'eau à Vaugien, lorſque les
eaux ſeront les plus baſſes, & 180 à Gif, cela ſera près
de 1000 pouces d'eau, & j'eſtime qu'on en trouvera
plus de 200 en faiſant les fouilles pour le canal, comme
cela ſe manifeſte le long des côtes que l'on ſuivra, de
l'Yvette & de la Bièvre, ſur-tout vis-à-vis Orçai, à
Palaiſeau, dans le travers de la montagne, à Maſſi, &c.

On peut aiſément ſe repréſenter l'effet que produira

D

dans Paris cette abondance d'eau, fi on l'y amène ; toutes les maifons royales en auront abondamment ; on fupprimera les pompes du pont Notre-Dame & de la Samaritaine ; on en donnera aux Invalides & à l'École Royale-militaire ; on pourra quadrupler les fontaines, & en céder à bon marché à toutes les maifons qui en voudront & à tous les quartiers : on ne la confommera pas , il fera défendu de l'envoyer dans aucun puits ni puifard, par-là chaque rue fera continuellement lavée par un ruiffeau coulant nuit & jour, ce qui contribuera infiniment à rendre l'air falubre. Pendant l'été, ce fera avec cette eau qu'on arrofera les rues auffi fouvent qu'on le voudra, au lieu de deux fois qu'on les mouille actuellement avec fort peu d'eau, & fouvent avec de l'eau fale & vilaine, quelquefois même avec celle qui a fervi à laver la vaiffelle, lefquelles rendent l'air mal-fain & le pavé gliffant, ne faifant qu'humecter les immondices, en augmentant leurs mauvaifes qualités, au lieu que l'abondance de celle-ci lavera le pavé & entraînera les ordures.

J'ai avancé ci-deffus que cette eau feroit plus belle & plus pure que celle de la Seine : pour plus belle, cela ne paroît plus devoir être douteux, après tout ce que je viens de dire du canal & de l'aqueduc ; M.ᵣˢ Hellot & Macquer ont fait connoître fa qualité : quant à fa pureté, par comparaifon à celle de la Seine, je n'aurai point de peine à le prouver vis-à-vis des perfonnes qui veulent prendre la peine de réfléchir. On entend bien fans doute que je ne veux pas parler de l'eau de la Seine prife au deffus de l'Hôpital, mais de cette eau telle qu'elle eft dans Paris, où les Porteurs & les pompes la puifent pour nos ufages.

Commençons par la rive droite de la Seine. Prefque tout Paris fait que c'eft pluftôt la Marne que la Seine

qui coule le long de cette rive; en été on le remarque
encore très-diftinctement au Pont-royal, quand il fur-
vient quelque pluie confidérable en Champagne & non
en Bourgogne, ou le contraire, l'on voit alors une
moitié de la rivière trouble, tandis que l'autre eft encore
claire. Or cette rivière de Marne, après avoir lavé
les craies de la Champagne, reçoit, avant d'entrer
dans Paris, toutes les immondices des Blanchiffeufes &
autres, de Saint-Maurice, Charenton, Carrières, Conflans,
Berci; tous les égoûts du fauxbourg Saint-Antoine, par
la rue Traverfine & par les foffés de la Baftille, & enfuite
ceux de toutes les rues voifines; elle reçoit au port de
la Grève ceux de tout le quartier, & porte le tout aux
pompes du pont Notre-Dame, tant que la Seine eft plus
baffe que la digue; elle lave enfuite le cloaque de la Tri-
perie, entre le pont Notre-Dame & le Pont-au-change;
elle reçoit au deffous les égoûts de l'Apport-Paris, des
arches Pépin & Marion, avec ce que les Teinturiers y
jettent, & elle porte tout cela à la Samaritaine; elle
reçoit enfin au quai de l'École & au guichet de la rue
Fromenteau, toutes les immondices des quartiers de la
Croix-du-trahoir, du Palais-royal & partie de la butte
Saint-Roch: on fent de refte que les Porteurs-d'eau &
les pompes enlèvent néceffairement une partie de ce
mélange, quelque foin qu'on prenne de porter les
bafcules des Porteurs-d'eau en avant dans la rivière; or
on ne peut pas dire que cette eau foit pure.

La rive gauche de la rivière eft encore bien pire, &
on le concevra aifément, fi on fe repréfente que tous
les égoûts de la partie méridionale de Paris tombent dans
la Seine, dans Paris même ou au deffus, par la rivière
des Gobelins, dans laquelle fe rendent les égoûts de toute
efpèce, de Bicêtre & de l'Hôpital, ceux des fauxbourgs

D ij

Saint-Jacques, Saint-Marceau & Saint-Victor, lesquels joints à tout ce que cette rivière reçoit des Blanchisseuses dont son cours est couvert depuis & compris le Clos-Payen jusqu'au Pont-aux-tripes, & à tout ce que les Teinturiers, Mégissiers, Tanneurs, Amidonniers, Brasseurs & autres ouvriers y jettent, la rendent indispensablement la plus vilaine & la plus mal-saine qu'on puisse imaginer.

La rive gauche de la Seine reçoit cette eau à son entrée dans Paris, vient laver les trains de bois qui sont les trois quarts de l'année le long du port de la Tournelle, rencontre les égoûts des fossés Saint-Bernard & des Grands-degrés; celui de la place Maubert, qui seul seroit capable de gâter une grande rivière; ainsi préparée elle vient passer sous les ponts de l'Hôtel-Dieu, où elle reçoit de cet Hôpital immense, toutes les. . . . . . . on n'ose le dire; arrivent ensuite l'égoût de la rue de la Harpe, ceux du quai des Augustins, & enfin par les trois qui sortent sous le quai Malaquais, les immondices d'une grande partie de Paris; & c'est de l'eau qui coule le long de cette rive, prise au dessous du Pont-neuf, dont est abreuvé tout le fauxbourg Saint-Germain, ou peu s'en faut, & assez généralement celle qu'on boit dans tout Paris.

La dépense que l'on croira nécessaire pour l'exécution de ce projet, considérée sans examen, ou sans les connoissances nécessaires, fera que beaucoup de personnes deséspèreront d'abord de le voir jamais exécuter, malgré tout ce que j'ai rapporté de semblable, ou de plus grand dans le même genre, parce qu'on ne compare pas, & que peu de personnes veulent descendre dans quelque détail, par-là on se figurera celle-ci beaucoup plus grande qu'elle ne doit être réellement. Pour achever de dissiper ces craintes, s'il

est possible, repassons un peu rapidement ce qu'il y aura
à faire.

Ce qui effraiera le plus les personnes qui n'ont jamais
vû travailler, sera sans doute de percer la montagne de
Massi de 5 à 600 toises de long: j'ai dit en commençant
que les Romains en avoient fait davantage, & ils n'étoient
que des hommes comme nous; d'ailleurs, sans aller
chercher tout ce que ces vainqueurs du monde avoient
fait dans ce genre, j'ai fait remarquer à ceux qui pou-
voient l'ignorer, que de nos jours on en a fait beaucoup
plus que je n'en propose ici: les 85 toises de longueur
du trou du Malpas pour le canal de Languedoc, de 40
pieds de largeur sur autant de hauteur, ont exigé une
beaucoup plus grande excavation que celle qu'il y aura à
faire ici, & les terres ont été bien plus embarrassantes à
soûtenir : M. Picard, dans son Traité *du Nivellement*,
apprendra à ceux qui ne le savent pas, que la montagne
de Satauri a été percée de 750 toises de long ; tous
les environs de Roquencourt, du Puits-de-l'angle & du
Trou-d'enfer sont de même fouillés & voûtés par sous-
œuvre, il y en a peut-être trois ou quatre fois autant.

Les ponts-aqueducs qu'il y aura à faire pour traverser
la gorge de Frênes & la vallée de la Bièvre à Arcueil,
ne seront que des ponts fort étroits, qu'on bâtira sans
bâtardeau & sans pilotis, articles qui augmentent si con-
sidérablement les frais de construction des ponts.

L'aqueduc voûté qui viendra depuis Arcueil jusqu'à
la rue de la Bourbe, de deux mille 5 à 600 toises de
long, ne sera pas la moitié de celui qui fut fait dans le
siècle dernier, pour amener les eaux de Rungis.

Le surplus de ce qu'il y aura à faire, est un canal à
découvert, comme pour amener l'eau à un moulin, si
ce n'est qu'il sera maçonné dans le fond & par les côtés,

dans une longueur de 12 à 13 mille toises; & enfin restera la distribution à faire dans Paris.

Tout cela coûtera, il est vrai, mais Paris n'en vaut-il pas bien la peine! Pourroit-on se persuader & voudroit-on persuader aux autres, que nous sommes arrivés dans un siècle où l'on n'ose plus entreprendre les choses les plus grandes & les plus utiles! Que l'on compare seulement, eu égard au nombre d'habitans, & qu'on cherche à mettre quelque proportion, si on le peut, entre ce que l'on propose pour la Capitale de la France, & ce que l'on vient de faire pour une ville de province, alors le projet n'effraiera plus.

On compte qu'il y a aux environs de 800 mille ames dans Paris, & 36 à 40 mille à Montpellier; ce dernier nombre n'est au plus que la vingtième partie du premier.

On vient d'amener à Montpellier les eaux de plusieurs sources réunies, lesquelles donnent aux environs de 70 à 80 pouces, dans les plus grandes sécheresses, par un aqueduc de 7400 toises de long, voûté dans toute sa longueur, de 3 pieds de largeur sur 6 de hauteur sous clef, dans l'étendue duquel il a fallu percer une montagne de 200 toises de longueur, faire plusieurs ponts-aqueducs pour traverser les bas-fonds, entr'autres un sur le Lironde qui est assez considérable, & celui qui traverse le vallon de la Merci sous le Peirou, lequel est composé de deux ponts l'un sur l'autre; le premier de 6 arches de cinq toises de diamètre, & le second de 120 arches de deux toises chacune, & de plus l'épaisseur des piles & des culées; ce dernier a près de 400 toises de long, sur 60 pieds de hauteur du dessous de la rigole à l'endroit le plus bas du vallon. C'est tout au plus, si le projet pour amener l'Yvette à Paris, demande trois ou quatre fois autant d'ouvrage, pour vingt fois autant d'habitans & pour la Capitale de la France.

La ville de Carcaſſonne, laquelle, ſelon M. Doiſi[a], ne contient que 2500 à 3000 habitans, a trouvé dans la bonne adminiſtration de ſes revenus, auſſi-bien que la ville de Montpellier, le moyen de ſe procurer 2 à 300 pouces d'eau, par un petit aqueduc de 3 pieds de haut, ſur 18 pouces de largeur, & de 4000 toiſes de long, porté ſur des arceaux en pluſieurs endroits. Cette eau eſt une partie de la rivière d'Aude, qu'on a dérivée de nos jours, comme je l'ai dit ci-devant.

Au reſte, il faut attendre, ſans deſeſpérer, que des Savans capables de juger de toutes les parties d'un pareil projet & d'évaluer le prix de chacune, que la Cour où les Magiſtrats commettront, aient prononcé. J'oſe aſſurer, en attendant leur examen, qu'il y a eu de nos jours des monumens commencés & finis, & d'autres commencés qui marchent à grands pas à leur perfection, qui coûteront plus que celui-ci. Je les crois tous néceſſaires, mais celui de donner de l'eau à Paris l'eſt autant qu'aucun; & l'on peut trouver des moyens pour celui-ci, comme on en a trouvé pour ceux-là.

Les grands hommes, & nous en avons, ont de grandes reſſources : pourquoi ne s'en trouveroit-il pas qui imitaſſent *Gérard de Poiſſi*[b], ce reſpectable & généreux

[a] Le Royaume de France, par M. Doiſi, *édition de 1745.*

[b] Gérard de Poiſſi étoit, ſelon Mézerai & les Hiſtoriens de Paris, le plus riche particulier du règne de Philippe-Auguſte. On ſera peut-être bien-aiſe de ſavoir à quelle ſomme de la monnoie de nos jours équivalent les onze mille marcs d'argent que ce généreux Citoyen donna pour contribuer à la commodité publique, eu égard à la valeur des denrées dans les deux temps.

Si on conſulte l'*Eſſai des Monnoies* de M. Dupré de Saint-Maur, de l'Académie Françoiſe, on verra, *page 35,* qu'en 1202 le marc citoyen., qui a immortalifé fon nom pour avoir donné onze mille marcs d'argent, deftinés à faire paver les rues de Paris! Quelle gloire ne s'eft-il pas acquife, en employant une partie de fes richeffes pour l'utilité de fes concitoyens! Puifque la mémoire de cet acte généreux s'eft confervée jufqu'à nous, elle durera vrai-femblablement auffi long-temps qu'il y aura des hommes dans Paris.

On peut trouver de ces grandes actions dans tous les fiècles, & fous le règne de LOUIS XV il y a des ames auffi généreufes que fous celui de Philippe-Augufte; je les crois même en plus grand nombre, le zèle avec léquel les principaux Corps & plufieurs dignes & grands Citoyens fe font empreffés de contribuer au rétabliffement de la Marine françoife, en eft une preuve.

d'argent valoit aux environs de 60 fols, & que le fetier de blé fe vendoit 6 fols 8 deniers; par une multiplication & une divifion, on trouvera que les onze mille marcs d'argent fourniffoient de quoi acheter 99000 fetiers de blé. Voyons ce que coûteroit à préfent ce même nombre de fetiers de blé, qui eft la denrée la plus d'ufage & celle qui règle en quelque forte le prix des travaux les plus ordinaires.

Le fetier de blé coûte maintenant 17 à 18 livres; mais ce n'eft pas fur le prix d'une feule année qu'il faut s'arrêter, il faut faire un prix moyen entre plufieurs années; & dans les dix ou douze dernières, on le trouvera à peu-près tel qu'il eft dans l'Effai des Monnoies, *page 181 de la II.*e *partie*, pour le moyen entre 1736 & 1745, qui eft 19 livres 0 fols 9 deniers. Multipliant maintenant les 99000 fetiers de blé par 19 feulement, on trouve 1881000 livres, qui eft la fomme de notre monnoie qui équivaut à celle que donna Gérard de Poiffi pour le foulagement de fes concitoyens. Que nous refpecterions fon nom dans fes defcendans, fi nous en connoiffions! Quels titres de nobleffe! Jufqu'à Philippe-Augufte, on avoit reconnu la néceffité qu'il y avoit que les rues de Paris fuffent pavées, on le defiroit & on n'ofoit l'efpérer, à caufe de l'exceffive dépenfe. Ce Monarque le demanda, & elles le furent. *Voyez l'*Hiftoire de Paris, par Dom Félibien, *tome I, page* 209.

La

La ville de Reims n'oubliera jamais le nom & le bienfait de M. Godinot, qui après avoir fait des embel-liſſemens conſidérables à la Cathédrale, dont il étoit Chanoine, a procuré de l'eau à ſes concitoyens par une machine qu'il a fait conſtruire à ſes dépens, ainſi qu'une grande partie des conduites & des fontaines qui la diſ-tribuent dans tous les quartiers. Il y a certainement dans Paris des ames auſſi bienfaiſantes qu'à Reims; mais avec le noble deſir d'être utile à ſes concitoyens, il faut l'heureux concours des facultés.

Je n'entre point ici dans aucun détail de conſtruction, de largeur de canal, d'épaiſſeur de murs, de chauſſée de priſe d'eau, &c. ni par conſéquent de la dépenſe qu'il en coûtera; il ſuffit, pour le préſent, de faire connoître la poſſi-bilité & la facilité qu'il y a d'amener à Paris une abondante quantité de bonne eau; de montrer en gros ce qu'il y aura à faire, pour faire preſſentir que la dépenſe n'en ſera pas auſſi conſidérable qu'on ſe la repréſente d'abord, eu égard à ſon objet d'utilité & de néceſſité: & je ferai obſerver en même temps, qu'elle eſt peut-être la ſeule que la Ville puiſſe faire, dont les fonds lui rentreront avec avantage, par l'eau qu'elle pourra vendre, en la donnant même pour la moitié du prix qu'elle a été vendue juſqu'à préſent *, car il ſuffiroit de trouver des ache-teurs ou ſouſcripteurs pour la moitié ou les deux tiers de ce qu'on peut en amener dans les temps des plus baſſes eaux, pour avoir de quoi exécuter le projet: il eſt même à préſumer que beaucoup plus de monde voudroit en avoir & en plus grande quantité, tant parce qu'elle

---

* Tant que la Ville a eu de l'eau à concéder, on l'a payée 200 liv. la ligne, ou 28800 liv. le pouce, à la charge par l'acquereur, de faire faire la conduite depuis la plus prochaine fontaine juſque chez lui.

E

feroit à meilleur marché, d'achat & de dépenfe de conduite, les fontaines étant bien plus fréquentes, ou parce qu'on pourra la livrer à la porte de chaque acquereur fi l'on veut, que parce que cette eau fera toûjours belle & pure, & qu'on fera affuré de l'avoir toute l'année.

Y a-t-il un citoyen defirant le bien public, qui ne donnât volontiers, s'il ne fe trouve pas d'autres moyens, une année ou deux du revenu de fa maifon, & d'autres davantage, en différens payemens, pour voir exécuter ce projet, étant affuré qu'à perpétuité fa maifon auroit de bonne eau, à proportion de ce qu'il auroit payé, valeur dont il auroit augmenté le prix de fa maifon? Il femble à tout homme rangé qu'on peut bien fe gêner un peu & fe priver de différentes autres fatisfactions pendant quelque temps, pour contribuer à produire un auffi grand bien public, en faifant le fien propre.

PREUVES et RÉFLEXIONS.

Pour donner quelque confiance à ce que j'avance, je crois devoir mettre ici le détail de toutes mes opérations. Je commencerai par exposer ce qui m'a porté à l'examen de ce projet, & je finirai par quelques réflexions propres à rendre ce Mémoire plus complet.

Ayant remarqué plufieurs fois, que tout le terrein où font les premières fources de l'Yvette, eft à peu-près à la même hauteur que celui des environs des étangs de Trapes, que je favois, par les nivellemens de M. Picard, être plus élevés que la Seine à Sève, quand elle eft baffe, de plus de 400 pieds; voyant fur la Carte des environs de Paris, le nombre confidérable de moulins qu'il y a le long de cette rivière, & me rappelant les chûtes de quelques-uns, que j'avois mefurées autrefois, je penfai que les eaux de cette rivière pourroient bien avoir affez de pente, pour qu'étant prifes vers le milieu de fon cours, où elles devoient déjà être affez abondantes, elles puffent arriver à Paris comme celles d'Arcueil, s'il y avoit moyen de paffer de la vallée de l'Yvette à celle de la Bièvre.

J'avois remarqué depuis long-temps, qu'il n'eft guère poffible de faire arriver de l'eau à Paris que du côté de l'Obfervatoire, ni guère plus haut qu'y arrive celle d'Arcueil, tant parce qu'il ne faut pas embarraffer les abords de cette grande ville, que parce qu'il faut fuivre ou côtoyer l'aqueduc de Rungis, attendu que le deffous n'en eft pas fouillé par les Carriers, comme je l'ai déjà dit. D'ailleurs les eaux d'Arcueil arrivent à Paris 68 pieds ou environ au deffus du fol de Notre-Dame, ou

E ij

15 à 16 pieds plus haut que la cuvette des pompes du pont Notre-Dame; hauteur bien fuffifante pour procurer de l'eau dans tous les quartiers de la ville, fi ce n'eft au haut de l'Eftrapade, mais on en pourra donner tout autour & affez près; quand on en aura abondamment à la hauteur de celle d'Arcueil; & c'eft le feul côté de Paris d'où l'eau puiffe arriver affez haut & fe diftribuer aifément dans tous les quartiers : il falloit donc voir fi l'eau de l'Yvette pourroit arriver à la hauteur de celle d'Arcueil ou environ.

Il étoit d'abord néceffaire de favoir de combien l'arrivée des eaux d'Arcueil, près de l'Obfervatoire, étoit élevée au deffus de quelque point fixe du fol de Paris voifin de la rivière, remonter enfuite la Seine, l'Orge & l'Yvette, jufqu'à ce que je fuffe autant, ou davantage, au deffus de ce même point fixe, que l'eft l'arrivée des eaux d'Arcueil, en négligeant la pente qui fait couler l'eau, attendu qu'il en faudra autant, & même un peu plus, pour la faire venir par le nouveau canal, quoique plus court, parce qu'on ne le fera pas ni auffi large, ni auffi profond que l'eft le canal qui mène l'eau d'un moulin à l'autre. Je pris pour point fixe où je devois tout rapporter, le fol de l'églife Notre-Dame.

Je connoiffois déjà en gros, par différentes notes, l'élévation des tours de Notre-Dame fur le fol de l'églife; l'élévation du fol de l'églife fur la Seine, quand elle eft baffe; l'élévation que les tours de Notre-Dame ont de plus que le haut de l'Obfervatoire, & l'élévation du haut de l'Obfervatoire fur l'arrivée des eaux d'Arcueil; d'où je conclus, auffi à peu près, l'élévation de l'arrivée des eaux d'Arcueil fur le fol de Notre-Dame.

J'allai mefurer les chûtes des moulins par lefquelles paffe l'eau de l'Yvette, en commençant par les quatre

où elle paffe avec la rivière d'Orge, favoir, les moulins
de Mons, d'Athis, de Juvifi & de Savigni ; remontant
enfuite le long de l'Yvette jufqu'à ce que la fomme des
chûtes, rapportée au fol de Notre-Dame, donnât en fus
une élévation plus grande que celle de l'arrivée des eaux
d'Arcueil fur le même fol de Notre-Dame ; examinant
au moulin où je m'arrêtai, la quantité d'eau qui y paffoit,
fi elle étoit de bonne qualité, enfin fi elle vaudroit la
peine d'être amenée.

Quoique ce premier examen fût fait un peu groffiè-
rement & fans niveau, je vis clairement la poffibilité
du projet, en remontant tout au plus jufqu'à Vaugien,
où la rivière fait aller deux moulins à la fois l'un à côté
de l'autre prefque toute l'année, fans éclufer.

Les deux moulins de Vaugien allant, j'examinai la
dépenfe d'eau qu'ils faifoient ; je m'informai du nombre
d'heures qu'ils chommoient par jour, dans les grandes
féchereffes, & de la qualité de l'eau, par l'ufage qu'on
en faifoit. Cela vû, je revins fur mes pas, examinant
en chemin fi je ne trouverois pas de trop grandes difficultés à furmonter, & je ne trouvai que celles dont j'ai
rendu compte ci-devant, *page 15.*

De retour à Paris, je me difpofai à faire un examen
plus exact, le niveau à la main, pour mefurer avec foin
les chûtes des moulins & les pentes de quelques endroits
de la rivière où il y en a de perdues, dont les moulins
ne profitent pas, & que j'avois eftimées à peu près : mais
avant cela, je voulus m'affurer exactement de l'élévation
de l'arrivée des eaux d'Arcueil fur le fol de Notre-
Dame.

Ne connoiffant pas de nivellemens faits des tours de
Notre-Dame à l'Obfervatoire, avec tout le fcrupule que
le demande un projet de cette efpèce, j'ai fait les opé-

rations fuivantes, dont on fera peut-être bien-aife de connoître les détails & toutes les mefures; elles pourront fervir à abréger le travail de ceux qui voudront vérifier ce que j'avance, & peut-être à quelqu'autre nivellement dans Paris.

L'on fait que l'Obfervatoire a été bâti avec tout le foin poffible, pour l'appareil & la pofe des pierres : le haut eft un mur d'appui couvert d'un rang de tablettes pofé de niveau tout autour du bâtiment; c'eft du deffus de ces tablettes que partent toutes les hauteurs que j'ai eu à mefurer de ce côté-là, & le fol de l'églife de Notre-Dame, pris au bas de l'efcalier des tours, qui eft de niveau, à très-peu de chofe près, avec tout le refte de la nef, eft le point où je rapporte le tout.

		pieds.	pouc.
1.°	Du deffus des tablettes du haut de l'Obferva-toire jufqu'au milieu de la corniche.	10.	3.
2.°	Du deffus des mêmes tablettes jufqu'au haut du ceintre des fenêtres.	18.	4.
3.°	Du deffus des mêmes tablettes jufqu'au feuil de la porte du côté du nord.	81.	5.
4.°	Le même feuil eft plus élevé que le bouillon d'arrivée des eaux d'Arcueil dans le Château-d'eau à côté de l'Obfervatoire, de	11.	8 $\frac{1}{2}$.
5.°	Le deffus des tablettes du haut de l'Obfervatoire eft donc plus élevé que le bouillon d'arrivée des eaux d'Arcueil, de	93.	1 $\frac{1}{2}$.
6.°	Du fol de l'églife Notre-Dame, pris au bas de l'efcalier des tours, jufqu'au deffus de la tablette de la galerie par laquelle on va d'une tour à l'autre, prife vis-à-vis le haut de l'efcalier.	139.	3.
7.°	La tablette de cette galerie eft plus haute du côté du midi que du côté du nord, de	″	8.

pieds. pouc.

8.º Du deſſus de la tablette de la galérie juſqu'au bas de la petite fenêtre méridionale de l'endroit d'où l'on ſonne les groſſes cloches. . . . .   9.   10 $\frac{1}{2}$.

9.º De la tablette de la galerie au bas des ardoiſes du paſſage extérieur & en l'air par lequel on va de l'eſcalier à l'endroit même des groſſes cloches. . . . .   23.   6.

10.º De la tablette de la galerie juſqu'au deſſus de la tablette du haut de la tour méridionale. . .   64. 10.

N. B. Cette dernière hauteur, jointe à celle de la tablette de la galerie ſur le ſol de l'égliſe & aux 8 pouces dont la même tablette eſt plus haute du côté du midi que du côté du nord, font enſemble 204 pieds 9 pouces, qui eſt la hauteur totale de la tour méridionale depuis le ſol de l'égliſe; laquelle ſe trouve plus grande de neuf pouces que n'a dit M. Picard, ce qui peut venir de ce qu'il aura cru la tablette de la galerie de niveau, s'il a meſuré le long des noyaux des eſcaliers, comme je l'ai fait.

11.º Le ſol de l'égliſe Notre-Dame, pris au bas de l'eſcalier des tours, eſt plus bas que le ſommet du parapet du pont de l'Hôtel-Dieu, pris au plus haut, de. . . . .   10.   6.

Ce qui donne le moyen de connoître en tout temps, de combien la Seine eſt plus baſſe que le ſol de l'égliſe Notre-Dame.

Plaçant un niveau à lunette, bien vérifié, dans la tour méridionale de Notre-Dame, dans l'endroit où l'on ſonne les groſſes cloches, répondant à 6 pouces au deſſus du bas de la petite fenêtre, le fil de la lunette répondoit à l'Obfervatoire au milieu de l'épaiffeur de la corniche, que je viens de dire à l'article 1°, être 10 pieds 3 pouces au deffus du haut de l'Obfervatoire.

De la tour de Notre-Dame à l'Obfervatoire, il y à aux environs de 1080 toifes, fuivant les plans de Paris de M.ʳˢ de la Grive & Robert, ce qui donne un pied jufte pour la dépreffion du vrai niveau fous l'apparent; ainfi le point du vrai niveau qui répondoit au fil de la lunette; étoit 11 pieds 3 pouces plus bas que le deffus de la tablette de l'Obfervatoire. Suivant les mefures rapportées ci-devant aux articles 6°, 7° & 8°, & les 6 pouces dont la lunette étoit au deffus du bas de la petite fenêtre, il y avoit 150 pieds 3 pouces ½ de la lunette au fol de l'églife, à quoi ajoûtant les 11 pieds 3 pouces qu'il y avoit, à l'Obfervatoire, du vrai niveau à la tablette, la fomme 161 pieds 6 pouces ½ eft l'élévation de la tablette de l'Obfervatoire fur le fol de Notre-Dame.

On fent aifément qu'à ces diftances on ne peut pas fe fervir de mires mobiles, on ne verroit pas les mouvemens, à moins d'avoir de grands drapeaux ; tout cela deviendroit coûteux, long & embarraffant, il eft beaucoup plus court de tâcher de trouver ou de fe procurer des points fixes & remarquables dont on puiffe mefurer les élévations ou abaiffemens; tel a été le milieu de la corniche de l'Obfervatoire, au coup de niveau précédent.

Une feule opération ne peut guère fuffire, quand on veut être complètement fûr de ce qu'on fait. J'ai defcendu le niveau à l'endroit de la galerie qui répond au deffous de la fenêtre où j'étois auparavant, pour voir fi je ne trouverois pas quelque point remarquable à l'Obfervatoire où je puffe faire convenir le niveau, il fe trouva qu'en le hauffant ou le baiffant, je pus le faire

convenir

convenir avec le haut du ceintre des fenêtres ; la lunette
répondoit alors à 26 pouces au deſſus de la tablette de
la galerie où j'étois. Par les meſures des articles 6° &
7°, cette tablette eſt 139 pieds 11 pouces au deſſus du
ſol de l'égliſe ; ajoûtant à cette hauteur les 26 pouces
dont le niveau étoit plus haut que la tablette, les 18 pieds
4 pouces qu'il y a du haut du ceintre des fenêtres de
l'Obſervatoire juſqu'à la tablette, & 1 pied pour la dépreſſion du vrai niveau ſous l'apparent, la ſomme 161
pieds 5 pouces eſt encore l'élévation du haut de l'Obſervatoire ſur le ſol de Notre-Dame ; ce qui ne diffère
que d'un pouce & demi d'avec la première élévation
trouvée, & on ne peut guère mieux demander.

Je voulus néanmoins voir ſi je trouverois la même
choſe en opérant de l'Obſervatoire à la tour de Notre-
Dame, & j'y allai. Étant ſur la plate-forme, j'aperçus
qu'en hauſſant ou baiſſant le niveau, je pouvois le faire
convenir avec le bas du paſſage extérieur couvert &
entouré d'ardoiſes, par lequel on paſſe du petit eſcalier
à l'endroit même des groſſes cloches ; le niveau ſe
trouva alors 22 pouces au deſſus des tablettes de l'Obſervatoire. J'ai rapporté ci-devant qu'il y avoit 23 pieds
6 pouces du bas de ce paſſage à la tablette de la galerie,
ou 163 pieds 5 pouces juſqu'au ſol de l'égliſe, d'où
ôtant les 22 pouces dont le niveau étoit plus élevé que
la tablette de l'Obſervatoire, & encore 12 pouces pour
la dépreſſion du vrai niveau, le reſte 160 pieds 7 pouces
eſt l'élévation de l'Obſervatoire ſur le ſol de Notre-Dame,
différente des deux premières de 10 pouces & de 11 $\frac{1}{2}$.
Je ne pus attribuer ces différences qu'aux différentes den-
ſités de l'air du milieu de Paris à celui de la campagne ;
car j'ai eu ſoin de vérifier le niveau à chaque fois.

J'aurois pourtant bien pû m'en tenir à cette vérifica-

F

tion, en prenant un milieu entre les trois réfultats, mais parce que ces mêmes points de niveau pourront peut-être fervir dans quelqu'autre occafion, j'ai cru qu'il falloit les bien conftater; & pour cela, j'ai été prendre une quatrième ftation dans le donjon d'une maifon fituée à l'Eftrapade, appartenante à M. Desfevres, Docteur-aggrégé en Droit, d'où l'on voit d'une part les tours de Notre-Dame, & de l'autre l'Obfervatoire. En opérant comme ci-devant, j'ai pû faire convenir le fil de la lunette avec le haut de l'archivolte qui eft autour des fenêtres de l'Obfervatoire*: la lunette étoit alors 40 pouces au deffus du plancher où j'étois, & le fil donnoit contre les tours de Notre-Dame à un point, 3 pieds 7 pouces plus haut que la tablette de la galerie, où j'avois fait coller plufieurs bandes de papier, après en avoir reconnu la place les jours précédens.

L'archivolte a 1 pied de largeur, il n'y a par confé-quent que 17 pieds 4 pouces du haut de l'archivolte au haut de l'Obfervatoire; ainfi ajoûtant ces trois quantités,

	pieds.	pouc.
Élévation de la tablette de la galerie des tours au deffus du fol de l'églife.................	139.	11.
Élévation de la bande de papier où répondoit le niveau au deffus de la tablette de la galerie. ...	3.	7.
Diftance du haut de l'archivolte au haut de l'Ob-fervatoire.........................	17.	4.
L'on a.........................	160.	10.

La dépreffion du vrai niveau devoit être d'un pouce plus grande à l'Obfervatoire qu'à la tour de Notre-Dame:

---

* L'appui de la fenêtre m'empêchoit de faire convenir le fil à l'intrados de la clef, que j'aurois préféré.

refte donc 160 pieds 9 pouces pour l'élévation du haut de l'Obfervatoire fur le fol de Notre-Dame.

Prenant un milieu entre ces quatre réfultats, l'on a 161 pieds 1 pouce pour l'élévation du haut de l'Obfervatoire fur le fol de Notre-Dame. Mais parce que de l'Eftrapade je diftinguois mieux les objets, que les fils en cachoient une moindre partie, & qu'étant à peu-près au milieu entre les deux objets, les dépreffions font moins confidérables, pour me rapprocher un peu plus du réfultat de ce dernier coup de niveau, que je crois plus exact que les autres, je prends 161 pieds juftes, pour la vraie élévation du haut de l'Obfervatoire fur le fol de Notre-Dame; de laquelle ôtant 93 pieds 1 pouce ½, élévation du haut de l'Obfervatoire fur l'arrivée des eaux d'Arcueil, le refte 67 pieds 10 pouces ½ eft l'élévation de l'arrivée des eaux d'Arcueil fur le fol de l'églife de Notre-Dame.

Le niveau, dans le donjon de la maifon de l'Eftrapade, étoit 62 pieds 0 pouces plus élevé que le plus haut du ruiffeau entre la place & la porte Saint-Jacques, il répondoit à la tour de Notre-Dame à 143 pieds 6 pouces au deffus du fol de l'églife : s'il n'y avoit point de cor- rection à faire, ôtant le premier nombre du fecond, le refte 81 pieds 6 pouces feroit l'élévation de l'eftrapade fur le fol de Notre-Dame; mais il y a ici une dépreffion de niveau, eu égard à la diftance de l'Eftrapade à la tour de Notre-Dame : cette diftance eft de 500 toifes ou environ, & la dépreffion d'environ 3 pouces, qu'il faut ôter du refte ci-deffus 81 pieds 6 pouces, & l'on a 81 pieds 3 pouces pour l'élévation du plus haut de l'Eftrapade fur le fol de Notre-Dame.

Cela fait, je partis pour aller mefurer avec foin les chûtes des moulins & quelques pentes perdues, à l'embouchûre de l'Orge dans la Seine, entre la rivière d'Orge & le moulin de Petit-vaux, & au pont de Four-cheroles jufqu'au moulin de Lozère, & je trouvai comme il fuit :

Chûtes des moulins & de quelques pentes rapides non employées depuis Vaugien jufqu'à la Seine, mefurées les 5, 6 & 7 feptembre 1762, l'eau étant ces jours-là à 3 pieds 4 pouces au Pont-royal.

	pieds.	pouc.
Au moulin de Mons, y compris la pente perdue jufqu'à la Seine, qui étoit alors fort baffe ; perte faite à deffein, afin que la roue ne foit pas noyée quand la Seine eft à fa moyenne hauteur.....	11.	6.
Au moulin d'Athis........................	3.	6.
Au moulin de Juvifi......................	2.	6.
Au moulin de Savigni.....................	3.	8.
Partie de la pente perdue entre l'embouchûre de l'Yvette dans l'Orge & le moulin de Petit-vaux.	2.	2.
Au moulin de Petit-vaux..................	5.	10.
Au moulin de Gravigni....................	5.	4.
Au moulin de Chilli......................	4.	3.
Au moulin de Lonjumeau, un peu au deffus du bourg.............................	5.	1.
Au moulin de Sceaux-lès-Chartreux..........	5.	6.
Au moulin de la Bretèche entre Champlan & Palaifeau..............................	9.	7.
Pente perdue au pont de Fourcheroles, & à deux paffages au deffus entre les aulnes...........	2.	9.
Au moulin de Lozère, y compris la pente perdue jufqu'après le coude qui eft au deffous.......	8.	2.
	69.	10.

	pieds.	pouc.
Ci-contre	69.	10.
Petite retenue vis-à-vis Orſay	*n*	6.
Au moulin de l'Aunai quand il eſt arrêté	5.	1.
car on trouve moins quand il va, à cauſe d'un grand détour que fait faire à l'eau le jardin d'Orſay.		
Au petit moulin de Bures	4.	8.
Au grand moulin de Bures	5.	5.
Au moulin de l'abbaye de Gif	6.	7.
Au moulin de Jommeron	4.	8.
Au moulin de Courcelles	5.	*n*
Aux moulins de Vaugien	9.	8.
	111.	5.

Les jours que j'ai paſſés à meſurer ces chûtes, les jours précédens & les jours ſuivans, la Seine à Paris, au pont de l'Hôtel-Dieu, étoit de 27 pieds 8 pouces plus baſſe que le ſol de l'égliſe Notre-Dame, & elle étoit alors à 3 pieds 4 pouces au Pont-royal.

Des 111 pieds 5 pouces, ſomme des chûtes des moulins & des pentes non employées pour les moulins, ôtant les 27 pieds 8 pouces dont le ſol de Notre-Dame étoit plus élevé que la Seine, reſte 83 pieds 9 pouces, dont l'eau de l'Yvette, avant de tomber ſur les roues des moulins de Vaugien, eſt plus haute que le ſol de Notre-Dame, non compris, comme on l'a déjà remarqué, la pente qui la fait couler, de moulin en moulin, depuis Vaugien juſqu'au pont de l'Hôtel-Dieu, par un chemin de plus de 30 mille toiſes de long.

Nous avons conclu ci-devant, que l'arrivée des eaux d'Arcueil, près de l'Obſervatoire, eſt plus élevée que le ſol de Notre-Dame de 67 pieds 10 pouces $\frac{1}{2}$, &

maintenant que l'eau de Vaugien eſt de 83 pieds 9 pouces plus élevée que le même ſol de Notre-Dame; l'eau de Vaugien eſt donc plus élevée que l'arrivée des eaux d'Arcüeil à Paris, de 15 pieds 10 pouces ½, non compris toûjours la pente qui la fait couler de moulin en moulin.

La vîteſſe de l'Yvette eſt aſſez paſſable depuis Vaugien juſque ſous Palaiſeau, de-là à la Seine elle eſt fort lente, ſi ce n'eſt du moulin de Gravigni à celui de Petit-vaux, & encore beaucoup plus de celui-ci à la rivière d'Orge, dont j'ai rapporté ci-devant la pente des endroits les plus rapides. Prenant un milieu entre ces différentes vîteſſes, on peut bien la compter de 10 à 12 pouces par ſeconde quand elle eſt baſſe, comme celle de la Seine priſe dans le même état, & conclurre de-là qu'il y a plus de pente qu'il ne faut pour amener l'eau de Vaugien à Paris, en ne comptant même que la ſeule pente qui fait couler l'eau d'un moulin à l'autre, puiſqu'elle coule actuellement par un chemin de 30 mille toiſes de long, très-tortueux en beaucoup d'endroits, embarraſſé de racines, de branches d'arbres, &c. au lieu qu'elle viendra par un chemin uni où rien n'interrompra ſa marche, les contours ſeront adoucis, la pente uniforme, & n'aura que 17 à 18 mille toiſes à parcourir; à plus forte raiſon y aura-t-il aſſez de pente quand on y ajoûtera les deux tiers ou les trois quarts des 15 pieds 10 pouces ½ qu'on a de plus par les ſeules chûtes des moulins.

L'eau arrive par un ſeul canal juſqu'auprès des moulins de Vaugien, là elle ſe partage en deux canaux de 4 à 5 pieds de largeur chacun ou à peu-près, où elle eſt contenue ſtagnante, & par conſéquent de niveau dans les deux. Ces moulins vont par-deſſus, & ils alloient jour & nuit ſans arrêter toutes les fois que je les ai vûs *.

* Le 16 août & le 6 ſeptembre.

mais ils avoient chommé vers la fin de juillet & au commencement d'août, parce qu'il s'étoit écoulé trois mois sans pluie. Ils ne chommoient pas à des heures réglées ; lorsque l'eau devenoit trop basse, ils arrêtoient pendant neuf à dix heures, après quoi ils alloient vingt-quatre heures de suite : c'est comme s'ils avoient chommé sept heures par jour ou à peu-près.

Le passage de l'eau de l'une des vannes a 26 pouces de largeur, la vanne étoit levée de 3 pouces $\frac{1}{4}$, & il y avoit 18 pouces $\frac{1}{2}$ d'eau sur le seuil de la vanne lors de ma dernière visite. Le passage de l'autre a 25 pouces de largeur, la vanne étoit levée de 3 pouces $\frac{1}{2}$, & il y avoit 21 pouces $\frac{1}{2}$ d'eau sur le seuil. Ceux qui voudront prendre la peine d'en faire les calculs, que je crois inutile de mettre ici, trouveront que le premier de ces moulins dépensoit aux environs de 4 pieds $\frac{1}{2}$ cubes, après en avoir défalqué le déchet causé par la diminution du jet, & que le second dépensoit aux environs de 5 pieds cubes, ce qui fait 9 pieds $\frac{1}{2}$ cubes qu'il passoit par seconde par ces deux vannes, non compris les pertes des vannes de décharge & autres.

Dire qu'une rivière ou une source fournit un pied cube d'eau par seconde, ou dire qu'elle donne 150 pouces d'eau, c'est la même chose ; ainsi la rivière fournissoit alors aux environs de 1425 pouces d'eau, d'où ôtant les $\frac{7}{24}$, reste plus de 1000 pouces qui couloient dans la rivière à la fin de juillet, temps où l'eau a été au plus bas.

Après avoir pris aux moulins de Vaugien toutes les mesures que je viens de rapporter, je crus devoir prendre encore les mêmes choses au moulin de Courcelles, qui est le premier en descendant, afin de m'assurer plus complètement de la quantité d'eau qui devoit couler dans la rivière, lorfque les fources fourniffent le moins.

Le moulin de Courcelles va par deffous, & je le trouvai allant ; le Meûnier me dit qu'à la fin de juillet il chommoit la moitié du temps. Le paffage de l'eau a 18 pouces $\frac{1}{2}$ de largeur, la vanne étoit levée de 10 pouces $\frac{1}{2}$, & il y avoit 41 pouces $\frac{1}{2}$ d'eau au deffus du feuil de la vanne. J'ai conclu de tout cela, que le moulin dépenfoit 15 à 16 pieds cubes d'eau par feconde ; ainfi pour que ce moulin aille fans éclufer, il faut qu'il coule continuellement dans la rivière 2 mille 3 à 4 cents pouces d'eau, & 11 à 12 cents lorfqu'il éclufe la moitié du temps, ce qui eft un peu plus que ci-devant. Mais il ne faut pas prendre à la rigueur les réponfes des Meûniers ; quand l'un dit qu'il éclufe neuf à dix heures, c'eft peut-être fept à huit, ou l'autre éclufe peut-être plus de la moitié du temps : mais au moins paroît-il clair qu'on pourra certainement prendre 800 pouces d'eau à Vaugien dans le temps des plus baffes eaux.

J'ai trouvé de la même manière qu'il devoit paffer plus de 200 pouces d'eau au ruiffeau de Gif. Enfin toute la côte vis-à-vis Bures & Orfay, eft pleine de petites fources, auffi-bien que le terrein de Palaifeau ; ainfi je ne crois pas avancer rien de trop, quand je dis qu'on pourra amener 1000 à 1200 pouces d'eau dans les temps les moins favorables.

Si l'on examine, par la théorie de M. Mariotte, la quantité d'eau qu'on peut efpérer avoir dans le courant de l'année, par l'étendue de terrein qui paroît fournir aux deux prifes d'eau de Vaugien & de Gif, on trouve que plus de 36 millions de toifes quarrées y envoient leurs eaux.

Le tiers de l'eau qui tombe, que ce Phyficien fuppofe s'imbiber dans les terres pour entretenir les fources,

donneroit,

donneroit, pris moyennement pour tout le courant de l'année, plus de 3000 pouces d'eau continuels, ou moins en été & plus en hiver ; ce qui fait voir que dans la suite la Ville pourra se procurer, si elle veut, avec fort peu de dépense, une plus grande abondance d'eau, en faisant plusieurs petits étangs le long de chaque ruisseau, ce qui sera aisé, attendu qu'ils sont presque tous fort étroits & beaucoup en pente; ils se rempliront en hiver, par les pluies plus fréquentes, les neiges & ce que les sources fourniffent de surabondant: en été, ils garderont les eaux de toutes les grandes averses.

Ces étangs, ainsi pleins, augmenteront les sources inférieures ou en formeront de nouvelles; les étangs supérieurs nourriront les inférieurs, soit naturellement, soit en faisant couler les eaux peu à peu par la bonde, rendant ainsi en détail ce qu'ils auront reçû en gros, & les inférieurs enverront à Paris, dans les temps que les eaux devroient être les plus basses, tout ce que les uns & les autres auront reçû lorsqu'il y en avoit plus qu'on n'en pouvoit prendre, ce qui, joint à ce que les sources fourniffent à l'ordinaire dans les plus grandes séche-reffes, formera un volume d'eau pour Paris, d'autant plus approchant du terme moyen, qu'on fera plus d'étangs ou qu'on les fera plus grands ; & je ne crois pas rien dire de trop, en avançant qu'on pourroit porter ce volume d'eau à plus de 2000 pouces continuels.

Je pourrois même dire davantage, vû que par ce moyen on devroit avoir le tiers qui s'écoule & le tiers qui s'imbibe pour fournir les sources, mais j'aime mieux promettre moins : il faut d'ailleurs considérer qu'il y aura beaucoup d'évaporation, à cause des surfaces des étangs, & des terres voisines qui s'imbibent & augmentent l'évaporation.

Pour rendre cette évaporation moindre, on choisira les endroits des vallées les plus étroits; on fera plustôt un étang de moyenne grandeur que deux ou trois petits. On les fera très-près les uns des autres, & toûjours vers le bout inférieur des vallées, afin que l'eau s'évapore moins le long des rigoles par lesquelles elle devra couler d'un étang à l'autre, & du dernier jusqu'à la rivière, parce que cette évaporation ne se fait pas seulement par la surface de ces rigoles, mais encore plus par les terres des bords, lesquelles humant l'eau comme des éponges, multiplient les surfaces & occasionnent de plus grandes évaporations; par la même raison on ne laissera croître ni séjourner aucunes herbes, ni joncs, ni roseaux dans ces étangs.

Ne connoissant rien de plus urgent à faire pour une grande ville, après la construction des ponts, quand il en faut, que de procurer dans tous les quartiers une suffisante quantité de bonne eau; & connoissant assez bien les environs de Paris, pour pouvoir assurer qu'il n'y a que la rivière d'Yvette qui, donnant cette suffisante quantité de bonne eau, puisse y arriver à une hauteur propre à l'envoyer dans tous les quartiers, à moins de l'aller prendre beaucoup plus loin; je crois être fondé à me persuader que ce projet sera exécuté à l'avenir, s'il ne l'est à présent, & d'autant plus, comme je l'ai déjà fait observer, que c'est la seule dépense que la Ville puisse faire dont les fonds lui rentrent avec avantage, en faisant le bien des citoyens, cette dépense n'étant, à proprement dire, qu'une avance ou de l'argent placé. Mais quand même cette dépense ne devroit jamais rentrer; pour une grande ville, capitale d'un grand royaume, il faut de grandes choses.

Je regarde donc l'exécution de ce projet comme indispensable, soit dans peu, soit à l'avenir : or dans quelque temps qu'on l'entreprenne, on doit faire le tout de manière à pouvoir recevoir & laisser couler plus de

2000 pouces d'eau, vû qu'on peut les avoir les trois quarts de l'année, & qu'on pourra se les procurer pour toute l'année quand on le voudra, par le moyen des étangs dont je viens de parler.

Quoique j'aie dit que je n'entrerois dans aucun détail de construction, je ne puis me refuser d'expliquer comment je desirerois que fût faite la maçonnerie du trou dans la montagne & l'aqueduc voûté depuis Arcueil jusqu'à Paris, afin que si ce projet n'a pas son exécution de mon temps, j'aie dit mon avis sur un point essentiel qui peut rendre ce monument d'une bien plus longue durée.

Tout le monde sait-que les terres poussent les murs, sur-tout si c'est un terrein de sable & qu'il y ait une forte charge de terre au dessus; cela ne se rend pas sensible si-tôt, quand les murs ont peu de hauteur, & encore moins quand ils sont appuyés par le haut & par le bas, comme le sont ceux des aqueducs, néanmoins cela arrive à la fin, & il seroit fâcheux que les murs de ceux-ci, sur-tout ceux du trou de la montagne de Palaiseau, vinssent à se rapprocher, & qu'il fallût les étrésillonner au bout de 5 ou 6 cents ans, ou peut-être plus tôt, selon que se trouvera la nature du terrein.

Aux aqueducs faits pour amener une petite quantité d'eau, comme de 50, 100 ou 200 pouces, on fait la rigole entre deux banquettes, sur lesquelles on marche lorsqu'on veut visiter l'aqueduc : mais la rigole de cet aqueduc-ci, dans laquelle il doit couler au moins 2000 pouces d'eau, & davantage, si l'on veut, dans certains temps de l'année, il faut qu'elle ait 6 à 7 pieds de largeur, & il y aura 2 à 3 pieds d'eau; on peut aller visiter un pareil aqueduc en bateau, ou bien en marchant dans la rigole même, le moment d'après qu'on l'aura balayé & lavé, & on verra bien mieux le tout; ainsi les banquettes deviennent ici inutiles, l'aqueduc en fera plus étroit, plus folide & moins coûteux.

Mais pour lui donner encore plus de folidité, je voudrois que fa coupe fût un cercle, ou encore mieux, un ovale, cette dernière forme étant, ce me femble, plus commode pour le cas dont il s'agit ; je lui donnerois 6 à 7 pieds de largeur dans œuvre, & 8 pieds à 8 pieds ½ de hauteur. La moitié inférieure feroit faite en clavaux de grès dans toute la longueur, formant une voûte renverfée, affife fur un maffif de maçonnerie; je lui donnerois même une affife de clavaux au deffus du milieu, le furplus feroit fait en pierre de meulière, avec des arcs doubles, auffi de grès, de 10 en 10 ou de 12 en 12 pieds, laiffant une retraite de 4 à 5 pouces au deffus des clavaux de grès, & des pierres faillantes de diftance en diftance, tant pour y pofer des terrines de feu pendant la conftruction & lorfqu'il faudra le balayer & laver, que pour fervir à ceux qui conduiront le bateau à appuyer leurs mains, parce qu'il leur fera très-expreffément défendu de fe fervir de croc ni de perche.

La figure ci-jointe montre la coupe dont je parle, tant pour l'aqueduc qui paffera dans la montagne de Palaifeau, que pour celui qui viendra d'Arcueil jufqu'à la rue de la Bourbe.

Le parallélograme *A B C D* repréfente l'ouverture faite dans les terres; cette forme quarrée eft néceffitée lorfque les terres ne font pas corps, afin de les foûtenir par des pièces de bois appliquées en haut & contre les côtés, appuyées fur des plates-formes en bas, qu'on met de 2 en 2 ou de 3 en 3 pieds, plus ou moins près, felon que les terres font plus ou moins mouvantes; & quand on en a étréfillonné de la forte 6, 8 ou 10 pieds, on fait là maçonnerie de cette partie.

L'efpace *E E E* fera maçonné avec des pierres de meulière à bain de mortier, ou de ciment là où il le faudra, en lui donnant la forme propre à recevoir les clavaux de grès : on remplit de même & avec force l'efpace *G G G* avec des pierres & du mortier, après qu'on a fermé la voûte.

Quand les terres font un peu corps, on ôte les pièces de bois à mefure que la maçonnerie approche, mais dans les terres mouvantes on les laiffe derrière la maçonnerie. Je ne parle de ceci que pour ceux qui peuvent être bien-aifes de favoir comment on s'y prend pour voûter fous terre. Si celles du dedans de la montagne de Palaifeau étoient trop mouvantes, on feroit l'aqueduc à tranchée ouverte; il n'y aura ici guère plus de profondeur qu'on en a eu à Verfailles, & dans une bien plus grande étendue, quand on a fait en 1740, l'aqueduc qui porte les eaux de tout le quartier du Parc-aux-cerfs jufque vers Galy, paffant devant l'Orangerie, derrière la Ménagerie, &c. où l'on a creufé à tranchée ouverte, en certains endroits, jufqu'à 45 pieds de bas, fans qu'il y foit arrivé le moindre accident, par l'intelligence & la préfence continuelle de ceux qui étoient à la tête de ces travaux.

L'aqueduc étant conftruit fuivant cette forme, on oferoit affurer qu'il eft impoffible qu'il y arrive jamais aucune faute, il doit durer autant que les grès & les pierres de meulière qu'on y emploiera, & être, pour ainfi dire, éternel. Cette forme ne coûtera pas beaucoup plus de conftruction qu'une autre, foit qu'on le faffe par fous-œuvre, foit qu'on le faffe à tranchée ouverte.

Si ce projet continue à mériter l'accueil dont on l'a
honoré lors de la lecture à l'Académie des Sciences,
il est vrai-semblable qu'il se présentera des moyens pour
parvenir à son exécution, tant tout le monde sent combien
il est important qu'il y ait dans tous les quartiers de
Paris de bonne eau & en abondance. Pour que ces moyens
se présentent d'autant mieux, il est préalablement nécessaire que ce que j'avance soit vérifié & constaté par
quelques Savans, dont la réputation d'exactitude & de
véracité soit la caution de la confiance publique.

La seule vérification qu'il y ait à faire à présent, est
de voir si l'eau à Vaugien est autant élevée que je le dis
sur l'arrivée des eaux d'Arcueil à Paris; cela seul cons-
tatera la possibilité du projet, parce que le reste ne
consiste qu'en un peu plus ou un peu moins de facilité
ou de difficulté, mais toûjours dans un genre d'ouvrage
qui a été exécuté bien des fois; au reste, on ne peut guère
voir l'un qu'on ne voie l'autre.

Cette première vérification faite, on tracera la route
que devront tenir le canal & l'aqueduc; on établira les
repaires de pente sur des objets immuables, arbres,
rochers ou autres; & ensuite les personnes qu'on croira
le plus au fait des travaux & des bonnes constructions,
feront le devis de ce qu'il en devra coûter pour mener
cet ouvrage à sa fin, achats ou indemnités de terreins,
bâtisse, indemnités des propriétaires de moulins, &
distribution dans les quartiers de Paris.

J'ai tâché de faire voir la pressante nécessité qu'il y a,
à tous égards, de donner de l'eau à Paris, & je finirai
en faisant observer qu'elle est d'autant plus pressante,
que la machine du pont Notre-Dame est très-vieille.

EXAMEN CHYMIQUE de l'eau de la rivière d'Yvette, par M.rs Hellot & Macquer, de l'Académie royale des Sciences.

M. DEPARCIEUX notre confrère, nous ayant priés de soûmettre de l'eau de la rivière d'Yvette à toutes les expériences & épreuves de Chymie, néceſſaires pour reconnoître & pour conſtater le degré de pureté des eaux : nous avons fait ſur cette eau les obſervations & expériences ſuivantes, en prenant toûjours pour comparaiſon l'eau de la rivière de Seine, priſe à Paris, & filtrée.

I.

L'EAU de la rivière d'Yvette, non filtrée, telle qu'elle a été puiſée & miſe dans une bouteille neuve & bien rincée d'abord avec la même eau, étoit claire, limpide & ſans couleur, comme celle de la Seine filtrée ; en la regardant attentivement en oppoſition avec la lumière, on y voyoit néanmoins de petits corps étrangers flottans, comme il y en a dans toutes les eaux qui coulent en plein air, lorſqu'elles n'ont point été filtrées.

I I.

AYANT goûté de l'eau de l'Yvette, nous avons remarqué qu'elle avoit une ſaveur ſenſible d'eau de marais ; on verra par la ſuite des expériences, que cette ſaveur eſt accidentelle, étrangère à cette eau, qu'elle ſe diſſipe & qu'on peut l'en garantir.

I I I.

NOUS avons empli d'eau de Seine, une fiole qui contient juſte une once d'eau diſtillée, & nous l'avons peſée très-exactement.

L'eau de l'Yvette a été peſée avec la même exactitude dans cette fiole, & ces deux eaux, comparées à l'eau diſtillée, nous ont paru avoir l'une & l'autre la même peſanteur ſpécifique ; s'il y avoit de la différence, elle ſembloit être pluſtôt à l'avantage de l'eau de l'Yvette, qui paroiſſoit un peu plus légère.

I V.

VINGT gouttes de diſſolution d'argent fin par l'eſprit de nitre, verſées dans un grand verre de l'eau de l'Yvette, l'ont rendue blanche & laiteuſe, il s'eſt formé enſuite un dépôt ou précipité blanc-grenu.

L'expérience correfpondante faite fur l'eau de Seine, a occafionné le même dépôt & en même quantité : fur quoi il faut
obferver que la diffolution d'argent par l'efprit de nitre, forme
le même précipité dans toutes les eaux qui contiennent de la
félénite ou quelqu'autre fel vitriolique, par le tranfport de l'acide
vitriolique fur l'argent, & qu'il n'y a prefque que l'eau de pluie
ou de neige, ou l'eau diftillée, qui ne contiennent point quelques
parties de femblables matières féléniteufes : au refte, ce précipité
étoit parfaitement blanc, ce qui prouve que l'eau de l'Yvette ne
contient aucuns principes fulfureux ou inflammables, fans quoi
le précipité de la préfente expérience, auroit été gris-brun ou
noirâtre.

V.

VINGT gouttes de diffolution de mercure par l'efprit de nitre,
verfées dans un grand verre de l'eau de l'Yvette, l'ont troublée
& y ont formé un dépôt ou précipité jaune, couleur de citron :
ce dépôt eft un turbith minéral, formé par le tranfport de l'acide
vitriolique de la félénite de cette eau fur le mercure.

L'expérience correfpondante, faite fur l'eau de la Seine, y
a occafionné le même dépôt & en même quantité ; il faut faire
fur la préfente expérience les mêmes obfervations que fur la
précédente.

V I.

NOUS avons verfé quarante gouttes de diffolution d'alkali fixe,
bien filtrée, dans un verre de l'eau de l'Yvette, cette eau s'eft
troublée, & en vingt-quatre heures il s'y eft dépofé un précipité
blanc terreux.

La même expérience, faite fur l'eau de la Seine, a préfenté
un réfultat femblable : ce dépôt eft la partie terreufe de la félénite
que contiennent l'une & l'autre de ces eaux, mais en fort petite
quantité.

V I I.

L'ALKALI volatil du fel ammoniac, appliqué à l'eau de
l'Yvette & à l'eau de la Seine, a produit dans l'une & dans l'autre
un léger dépôt blanc terreux ; ces deux dépôts paroiffoient en
même quantité, & il ne s'eft développé dans cette épreuve aucune
couleur bleue, ce qui prouve que ces eaux ne contiennent point
de parties cuivreufes.

VIII.

V I I I.

L'EAU de chaux première ou forte, n'a rien fait de fenfible dans l'eau de l'Yvette, non plus que dans l'eau de la Seine.

I X.

VINGT gouttes de diffolution de fublimé corrofif n'ont occafionné aucun changement fenfible dans l'eau de l'Yvette, non plus que dans l'eau de la Seine, ce qui prouve que ces eaux ne contiennent point de matières alkalines libres, du moins en quantité fenfible.

X.

NOUS avons mêlé environ une once de l'eau de l'Yvette dans quatre onces d'efprit-de-vin très-rectifié, & il n'a paru dans l'efpace de vingt-quatre heures, aucun dépôt ni cryftallifation : d'où l'on peut conclurre que cette eau ne contient aucun des fels dont l'efprit-de-vin peut procurer la cryftallifation, & que la félénite que cette eau contient, ainfi que celle de la Seine, eft en trop petite quantité, pour devenir fenfible dans cette expérience.

X I.

DEUX tranches minces de noix-de-galle épineufe, pofées fur la furface d'un verre de cette eau, ne s'y font précipitées qu'au bout de trente heures, & pendant ce temps l'eau n'a pris aucune teinte rouge, bleue ou noire ; donc elle ne donne nul indice de fer.

X I I.

LA leffive d'alkali, faturée de la matière colorante ou inflammable du bleu de Pruffe, mêlée dans cette eau, n'y a occafionné dans l'efpace de trois jours aucune forte de précipité, tout eft demeuré parfaitement clair & limpide : donc cette eau ne contient aucune efpèce de fel métallique ; car cette liqueur, qui ne peut décompofer aucun fel à bafe terreufe, décompofe tous les fels à bafe métallique, & rend fenfible leur partie métallique en la faifant précipiter.

X I I I.

L'EAU de l'Yvette, mêlée avec le firop violat & avec la teinture de tournefol, n'a occafionné aucun changement à leurs couleurs ; donc elle ne contient point d'acides ni d'alkalis libres.

H

X I V.

LES acides vitriolique, nitreux & marin n'ont produit aucun changement dans cette eau, non plus que dans celle de la Seine.

X V.

L'EAU de l'Yvette a diffout exactement, fans former aucun dépôt, ni crême, ni caillé, du favon blanc de Marfeille, raclé très-mince, comme le fait l'eau de la Seine.

X V I.

QUATRE livres de cette eau, évaporées jufqu'à ficcité dans une baffine d'argent, n'ont laiffé qu'un réfidu terreux ou pluftôt féléniteux, trop petit pour pouvoir être recueilli & pefé.

L'expérience correfpondante fur l'eau de la Seine a préfenté un réfidu femblable & en même quantité, autant qu'on en peut juger par eftimation.

X V I I.

ON a expofé de l'eau de l'Yvette à l'air libre, diftribuée dans plufieurs verres, pendant huit jours, & on en a goûté de deux en deux jours; fa faveur d'eau de marais a diminué infenfiblement, & enfin s'eft entièrement perdue.

On a fait bouillir un inftant de cette eau dans un vaiffeau d'argent découvert, & après qu'elle a été refroidie, on l'a trouvée fans aucune faveur étrangère, & entièrement femblable à cet égard à l'eau de la Seine, bien pure & bien propre.

On a expofé de cette même eau à la gelée fur une fenêtre au nord, dans un vafe de porcelaine découvert, elle a été gelée de l'épaiffeur d'un pouce dans fa partie fupérieure; le lendemain au matin la portion de l'eau qui n'étoit point gelée n'avoit plus abfolument aucune faveur : il en a été de même de la portion gelée, après qu'elle a été dégelée lentement.

C O N C L U S I O N.

IL réfulte de toutes les expériences dont on vient de faire le détail, que l'eau de la rivière d'Yvette ne contient aucunes fubftances fulfureufes ou inflammables, aucun acide ni alkali libres, aucunes parties ferrugineufes, cuivreufes, ni métalliques, de quelque efpèce qu'elles foient.

Que cette même eau ne contient aucune autre matière qu'un peu de félénite, en quantité fort petite, & pareille à celle que contiennent l'eau de la Seine & les eaux de presque toutes les autres rivières & sources potables, & qu'on emploie par-tout à tous les usages de la vie.

Que la saveur d'eau de marais, que nous avons observée dans l'eau de l'Yvette nouvellement puisée & enfermée tout de suite dans des bouteilles, est accidentelle, étrangère à cette eau, & qu'elle ne lui est nullement inhérente, puisque cette saveur se dissipe entièrement par la chaleur, par le froid, par la simple exposition à l'air : Que cette saveur, qu'on observe dans l'eau de toutes les petites rivières bordées d'arbres & sur lesquelles il y a des bâtardeaux pour des moulins, ne peut être attribuée qu'à la stagnation de l'eau dans ces bâtardeaux sur des vases, & singulièrement aux feuilles des arbres, qui tombent dans ces rivières, & aux herbes marécageuses qui peuvent y croître; que par conséquent il est facile, en détruisant ces causes, d'empêcher que l'eau de la rivière d'Yvette ne contracte une pareille saveur : Qu'enfin en prenant les précautions que M. Deparcieux propose dans son Mémoire, pour faire couler & pour conserver cette eau dans le degré de pureté qu'elle a naturellement, elle doit être mise dans la classe des eaux courantes de rivière, très-saines & très-bonnes à boire.

A Paris, ce 31 décembre 1762. *Signé* HELLOT & MACQUER.

Nota. M. Doisi m'a induit en erreur sur le nombre des habitans de Carcassonne : quoique cela n'influe en rien sur le fond de ce Mémoire, je crois devoir la relever. Il ne donne que 604 feux à cette ville, qui, à quatre personnes par feu, comme on les compte communément, ou cinq tout au plus, ne feroient que 2500 à 3000 personnes, comme je l'ai dit, *page 31 ;* mais D. Vaissette, dans sa *Géographie historique,* donne à la même ville 2000 familles ce qui fait 8 à 10 mille habitans, ou la 80.ᵉ partie de ce qu'il y en a à Paris, pour lesquels on a fait les ouvrages que j'ai rapportés, *page 31.*

Page 40, ligne 3, au lieu du mot au dessus, *lisez* au dessous.

EXTRAIT des Regiſtres de l'Académie Royale des Sciences.

Du 11 Décembre 1762.

PAR délibération de l'Académie Royale des Sciences, du 11 décembre 1762, elle a permis à M. Deparcieux de faire imprimer à part & ſous ſon privilége, un Mémoire intitulé, *Sur la poſſibilité d'amener à Paris, à la même hauteur où arrive l'eau d'Arcueil, mille à douze cents pouces d'eau ;* lû par lui à l'Aſſemblée publique du 13 novembre dernier, ſans préjudicier au droit qu'il a de le faire paroître dans les Mémoires de l'Académie de cette année. En foi de quoi j'ai ſigné le préſent certificat. A Paris le 22 décembre 1762.

Signé GRANDJEAN DE FOUCHY, Secrétaire perpétuel de l'Académie Royale des Sciences.

www.ingramcontent.com/pod-product-compliance
Lightning Source LLC
Chambersburg PA
CBHW070816210326
41520CB00011B/1974